新一代人工智能基础教育与科普丛书

小学人工智能

（上册）

秦建军　马福贵　郭艳玫　主编

科学普及出版社

·北　京·

图书在版编目（CIP）数据

小学人工智能基础. 上册/秦建军，马福贵，郭艳玫主编. —北京：科学普及出版社，2019.8

ISBN 978-7-110-09975-9

Ⅰ.①小… Ⅱ.①秦… ②马… ③郭… Ⅲ.①人工智能—少儿读物 Ⅳ.①TP18-49

中国版本图书馆CIP数据核字（2019）第140182号

策划编辑 郑洪炜
责任编辑 郑洪炜 陈 璐
封面设计 逸水翔天
正文设计 逸水翔天
责任校对 邓雪梅
责任印制 马宇晨

出　　版 科学普及出版社
发　　行 中国科学技术出版社有限公司发行部
地　　址 北京市海淀区中关村南大街16号
邮　　编 100081
发行电话 010-62173865
传　　真 010-62179148
网　　址 http://www.cspbooks.com.cn

开　　本 787mm×1092mm 1/16
字　　数 150千字
印　　张 11.5
印　　数 1—5000套
版　　次 2019年8月第1版
印　　次 2019年8月第1次印刷
印　　刷 北京盛通印刷股份有限公司
书　　号 ISBN 978-7-110-09975-9/TP · 240
定　　价 98.00元（全2册）

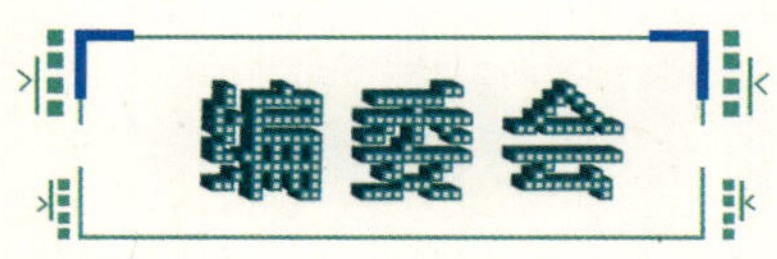
编委会

序一

近年来，我国的技术教育无论是硬件软件环境建设、辅助教学过程还是教学内容的多样化，均取得了令人瞩目的进展和成效。只有尊重教育终端的创造性，才能使教育真正具有针对性、亲和力和实效性。我国的技术教育正处在从大众化内容和手段支持向教学内容个性化的创新转变中。早在2003年，人工智能教育就被列入《普通高中技术课程标准（实验）》的选修课，并从2004年开始陆续出版了第一批高中人工智能选修教材。近年来，新一代人工智能技术迅猛发展，已经成为包括教育界在内的全社会关注的热点。在深刻认识到人工智能已经成为引领新一轮技术变革的牵引性技术的同时，还要看到它会给社会带来正反两方面的影响，因此，向中小学生普及人工智能相关知识的同时做好道德伦理教育就非常有必要了。但是，人工智能基础教育特别是小学的教材及辅助教学的资源还比较缺乏，这在国际教育界也是一个全新课题。欣闻历经一年多的组织编写，《新一代人工智能基础教育与科普丛书》即将付梓。这是我国基础教育界的一件大事，从先期出版的小学人工智能教材来看，这套教材有如下几个鲜明特点：

第一，围绕人工智能知识点展开。合理选取知识点和严谨设计教学内容是人工智能基础教育能否实施的关键，本套教材涵盖了知识表示、图像、机器感知、大数据等人工智能核心知识，围绕人工智能将学术科普、知识讲授、拓展验证、实践创新、兴趣衍生作为一个整体进行科学设计。内容讲授方式上又遵循了一般教学中情境创设、概念或知识点引入、实践巩固和举一反三的思路。

第二，突出计算思维等思维素养的培养。在本套教材中，计算思维贯穿始终，如用二级制来向学生解释图像的编码、解码和决策树，通过人机两方面的智能类比讲解人工智能的强项与不足等。人工智能基础教育区别于其他技术教育，应该在教学中大胆尝试新的形式，这套丛书把设计思维、系统思维、创新思维以及人机交互思维等思维能力的培养作为教学内容设计的初衷，如一些实践案例完全摆脱了计算机，采用面对面的游戏模拟形式进行，这些都是教育教学领域的新尝试。

第三，重视学生认知能力和兴趣启发的视角。科学和技术教育重在培养学生的认知能力，本套教材无论是章节的布局还是内容细节的设计，都立足于学生认知水平和兴趣，内容陈述并没有从晦涩的概念甚至学术名词引出，而是将学生带入喜闻乐见的情境中。一些活动看似和人工智能无关，实则经过了人工智能知识融合的精心设计，实现了学生通过课堂活动去理解人工智能相关概念的目的。为了满足延伸学习和教学拓展的需要，在每个章节的最后还附上了人工智能小知识，激发一些认知能力强的学生探索人工智能前沿的兴趣。

第四，延续了教学者的教学习惯。人工智能实践和拓展的内容采用广大科技教师所熟悉的图形化编程、开源硬件等手段，也是为了避免给教师设置过高的技术再学习门槛，而将课程的重点放到内容设计和教学方案创新上。但本书内容又和现有的开源硬件、创客等教学方式有很大的不同，如关于机器感知，在这套书中就呈现了不同的讲授方法和理解角度，让科技教师有“初看似曾相识，细看大有不同”的感觉。

这套教材已经在北京市部分学校进行了完整的课程实践，在河北省、四川省等地的学校开展了阶段性课程实践，验证了这是一套“接地气”的教材。希望这套教材的出版能够提升我国教育信息化特别是人工智能教育的水平，培养更多优秀的、素质全面的后备人才。

教育者的事业激情和自主性是创造力的源泉，因此，我们要最大限度地激活一线教师的创造激情。人工智能作为新兴教育技术赋予了每所学校和每位教师充分的创造和探索空间。同时，我们也要看到人工智能教育进入中小学课堂所面临的挑战，广大教育工作者应该全面提升业务能力，敢于担当培养人工智能后备人才的责任和使命，坚持道德、教育和学术底线，争当新时代的“四有”好教师。

国家总督学顾问

国家教育咨询委员会委员

联合国教科文组织协会世界联合会荣誉主席

2019年4月25日

序二

人工智能发展跌宕起伏，终于在近几年迎来了一片繁荣。无论在日常生活中还是在生产和经济活动中，人工智能都在深刻地影响着人们的思维、工作甚至生活方式，同时也在引发新一轮产业升级与技术革命。诸如计算机视觉、自然语言处理等技术都已经融入了我们的日常活动，甚至各种大众传媒也开始关注“图灵测试”“机器学习”“人工神经网络”这些概念。在科技变革的十字路口，我国选择了一条富有远见的道路，即“教育先行”。我们不仅要通过从中职、高职到本科及研究生的专业教育培养更多的人工智能相关人才，更要在基础教育阶段就进行人工智能启蒙。作为一名在30多年前就开始从事智能工程研究与教育的学者，我感到深深的欣喜，更觉得未来可期。

教育是塑造人类智能和品格的过程，从知识学习和经验积累进而产生创新的质变。人工智能则是用机器来模拟和拓展人的智能，同时也伴有伦理的重要内涵。二者的关系十分密切和一致，人工智能教育被赋予了培养未来社会创新者的使命。早在20世纪70—80年代，一些人工智能学者就尝试用它来改进儿童教育，并做了一些人工智能与基础教育结合的尝试。麻省理工学院人工智能实验室的帕特里克·温斯顿（时任实验室主任）认为人工智能教育和数学教育一样会对儿童的智力发展起到重要作用，但当时人工智能技术还远不成熟，很难看到效果。目前，全世界都非常重视人工智能及相关技术的发展与应用，未来的职场会因此发生巨大变化，几乎所有职业都需要和智能机器打交道，众多岗位则会被以人工智能“武装”的自动化机器取代，如果不具备与智能机器合作、协作或更进一步发展、维护智能机器的能力，劳动者在职场中将很难有适合自己的位置。因此，人工智能教育要放在当下科学和技术教育的优先位置，对它的基本原理的学习和基本思维及实践的训练都应该从儿童开始。

《新一代人工智能基础教育与科普丛书》完全按照学生的认知能力和基础教育的规律来设计教学内容和实践活动，并且每本书都有明确的人工智能内容主线，具有如下鲜明特点：

首先，教学设计遵循了建构主义教学理论。从学生生活和体验出发，设计教学情境引出人工智能相关主题，通过丰富的实践活动激发学生求知欲望，培养探究意识，进而在教师的引导下拓展其他可能性甚至不确定性，最终达到自然理解人工智能相关知识的目的。这是非常符合科技与工程教学规律的，即“做中学”永远比“听中学”“看中学”有效果、有效率；理论学习必须以实践为先导，由具象到抽象，尤其对孩子更为重要。

其次，它是一套可以适应不同教师教学需求的普及型教材。知识讲解和实践活动采用递进式的编排结构，有一定技术教育基础的教师均可选择合适的内容进行讲授。同时，教材预留了很大的延伸和拓展空间，一些知识点甚至可以和大学内容打通，满足部分教师专业发展和培养学生特长的需要。

最后，完全从受教育者的视角进行撰写和设计。这套丛书延续了优质中小学教材图文并茂、通俗易学的风格，采用智力游戏、互动体验、图形化编程等中小学生喜闻乐见的形式讲解人工智能，符合“玩中学”“寓教于乐”的原则。编撰者精心设计了不同难度的活动来适应不同年龄段的学生，专业概念则用人工智能小知识的形式体现，可作为学生延伸学习使用。

教育的目的之一就是让受教育者能够博学明理、慎思笃行、明辨是非。人工智能和其他科学技术一样都有“双刃剑”的属性，作为工具被使用既能行善也能作恶。未来人工智能对科技生态和社会生态的影响可能会超出我们的想象，如被不恰当利用可能会威胁到我们人类自身。联合国教科文组织一直非常关注人工智能等新技术对教育及社会的影响，已经举办了多场和人工智能教育相关的高规格研讨会，呼吁世界各国开展合作共同应对人工智能蓬勃发展中所面临的重大伦理挑战。要使我国未来的科技人才成长为德才兼备的人才，仅靠一套好的教材是不够的，建议广大教育工作者重视人工智能伦理教育，培养学生的是非观、社会责任感和道德情操，增强学生的信息安全意识，这是人工智能教育普及中非常重要的一环。我真诚地希望这套教材作为小学人工智能教育的一个新起点，引导我们的孩子们自信、从容、理性地迎接即将到来的科技新时代。

作者秦建军博士和李楠博士都是活跃在智能机器科研和工程教育第一线的年轻有为的学者，他们在百忙之中关注中小学的人工智能教育，倾注了大量心血，富有远见和社会责任感，也实践了大学服务于社会的精神，非常值得鼓励和学习。

是为序。

联合国教科文组织产学合作教席主持人、理事长

北京交通大学教授

查建中

2019年5月

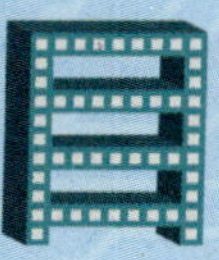

目录

CONTENTS

第一单元
走近人工智能

2016年，深度学习人工智能项目阿尔法围棋（AlphaGo）以4：1击败世界围棋冠军李世石；人工智能系统沃森（Watson）在医生已经束手无策的情况下，通过快速阅读医疗文献，给出医疗建议，挽救了患者的生命。

不可否认，我们正生活在一个处处存在着人工智能的新时代。究竟什么是人工智能，它对我们未来的生活会产生哪些影响？让我们和小智一起走近它，了解它，应用它！

1 智能未来

小智起航

- 了解智能及“什么是人工智能”。
- 了解人工智能在生活中的实际应用。
- 体验典型的人工智能产品。

汽车和火车的出现，提高了人们出行的速度；洗衣机、洗碗机的出现，将人们的双手从家务中解放出来；计算机、互联网的出现，拓展了人们的远程信息交流方式。人工智能的发展和普及也正在逐步改变我们的学习和生活。

小智学堂

我们经常能够听到“人工智能”这个词，到底什么是人工智能呢？让我们先从智能说起。

智能是对自然智能的简称，而典型的自然智能是人类智能，它包括判断、理解、识别、感知、学习、推理等。

如何判断机器或程序是否具有智能呢？

早在1950年，一位名叫图灵（Alan Turing）的英国数学家发表了论文《计算机器与智能》（*Computing Machinery and Intelligence*），预言人类可以创造出具有真正智能的机器。为此，他提出了著名的“图灵测试”（图1.1）。

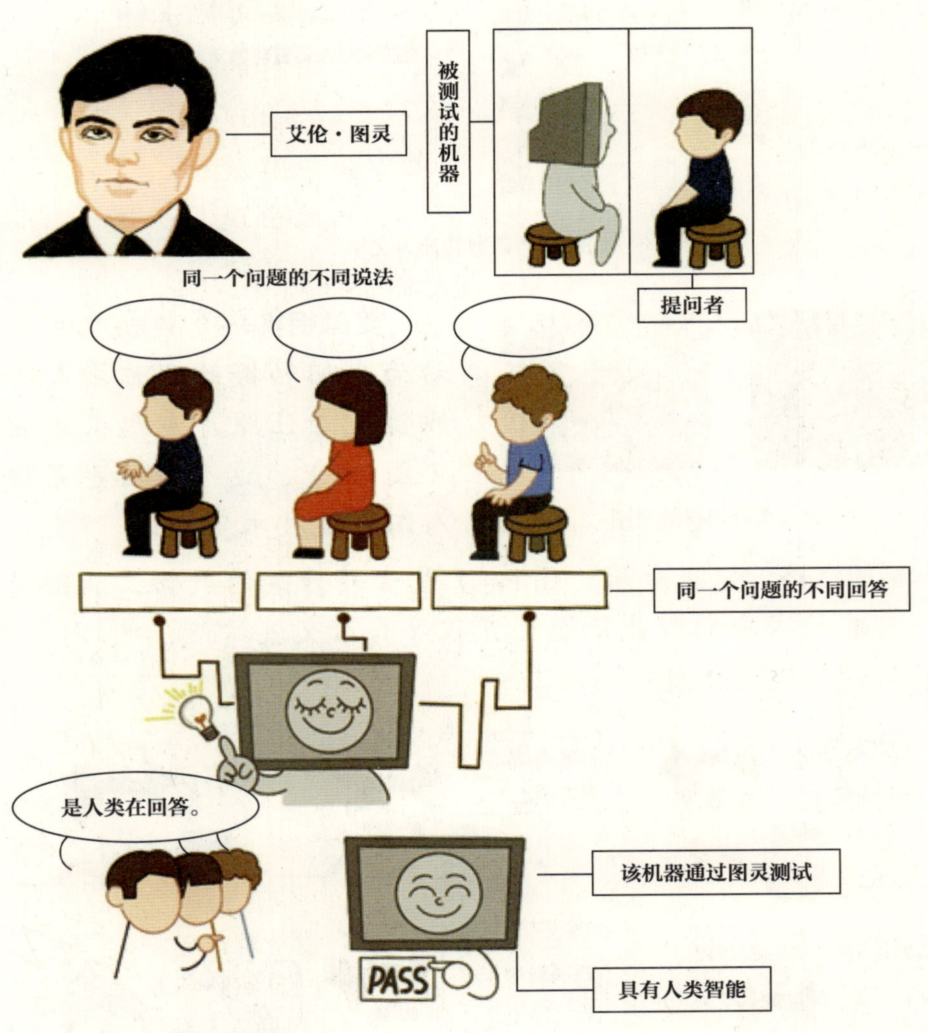

图1.1　图灵测试

我们在生活中已经接触过很多应用人工智能技术的产品。

语音识别：我们长按微信对话中的语音，选择“转换为文字”（图1.2），就可以看到这段语音对应的文字信息，这个过程是使用人工智能技术实现的。

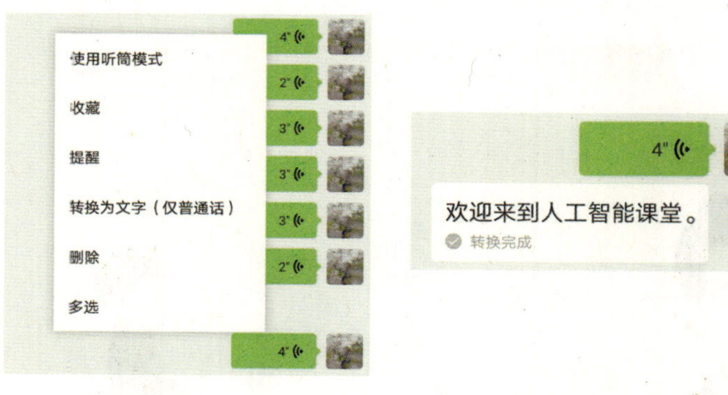

图1.2　语音转换为文字

图1.3　美颜相机效果图

美颜相机：美颜相机可以自动为我们拍摄的照片增加各种滤镜或者让照片看起来更漂亮（图1.3），这个过程也是通过人工智能技术实现的。

智能音箱：智能音箱（图1.4）是音箱升级的产物，能够依靠人工智能技术中的智能语音交互程序和人交流对话，也可以对智能家居设备进行控制。

图1.4　智能音箱

拍照识花：无论在街头、公园或者郊外，遇到不知道名字的植物时，我们使用识花程序（图1.5），用手机对着植物的特征部位一拍，就能自动识别它的名称，还能准确地了解根、茎、叶、花、果、产地、分布及功效等更详细的信息。

图1.5　识花程序

实践体验

同学们对智能和人工智能都有了一些简单的认识，让我们来亲身体验一下。

活动一：挑战智能音箱

找出身边的智能音箱，试一试能否在五个问题以内难倒它。

活动二：语音识别绕口令

连续读完以下绕口令，再使用语音识别功能将这段绕口令转换为文字。和原文比一比，看看有什么差别，再和小伙伴比一比，看谁读的能让机器识别得最准确。

八十八岁公公

八十八岁公公门前有八十八棵松，
八十八只八哥要到八十八岁公公门前的八十八棵松上来借宿。
八十八岁公公不许八十八只八哥到八十八棵松上来借宿，
八十八岁公公打发八十八个金弓银弹手去射杀八十八只八哥，
不许八十八只八哥到八十八岁公公门前的八十八棵松上来借宿。

活动三：人工智能对对联

对联是中华传统文化之一，也是一种独特的语言艺术形式，不但要讲究平仄对仗工整，而且还要意义恰当。使用人工智能对联系统，可以输入任意上联，请它帮你对出下联和横批。

操作步骤：

①进入人工智能对联系统（图1.6）。

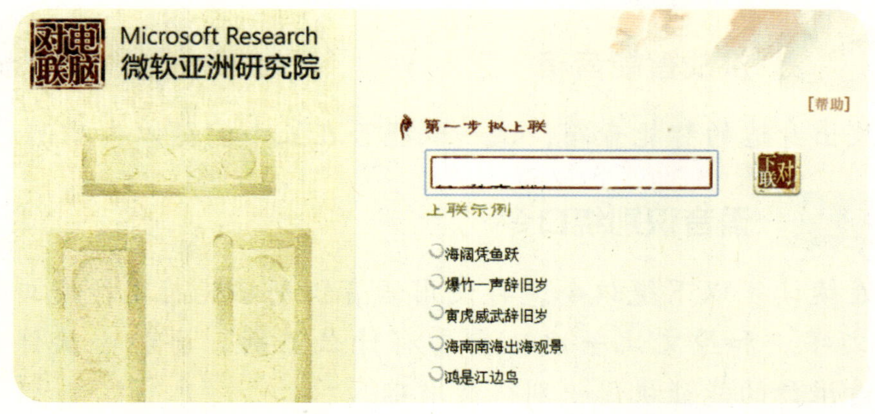

图1.6　人工智能对联系统

②输入你想好的上联（图1.7），按下“对下联”按钮。

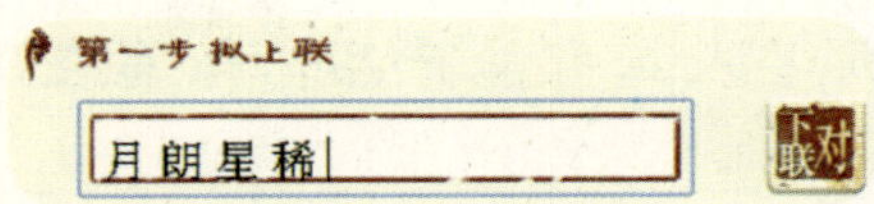

图1.7 输入上联

③在下方出现的多个可供选择的下联中选择自己认为最合适的。如都不喜欢，可选择“刷新候选”（图1.8）。

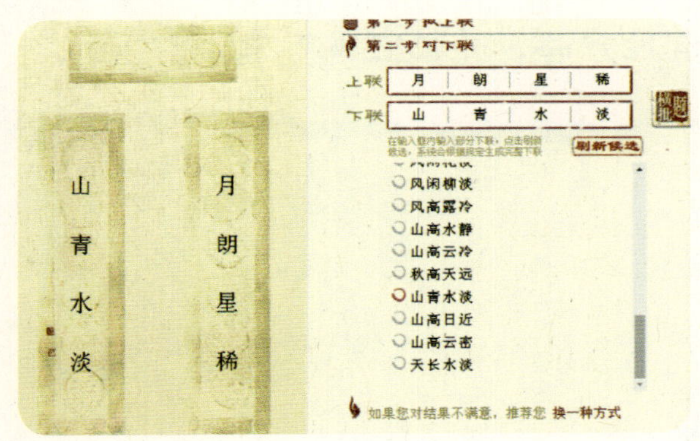

图1.8 对下联

④按下“题横批”按钮（图1.9），在下方出现的多个可供选择的横批中选择自己认为最合适的（也可不要横批），完成对对联的任务。

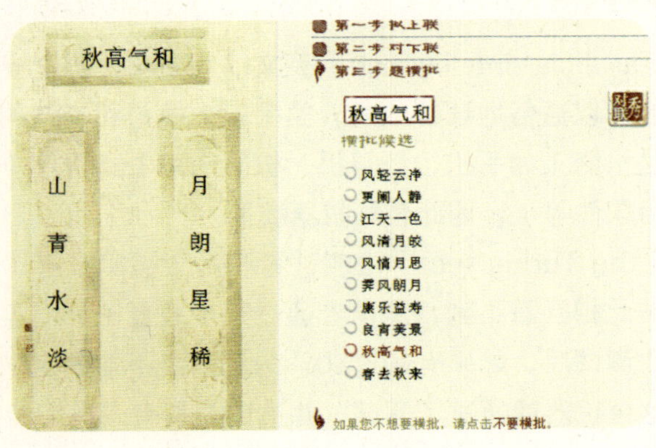

图1.9 题横批

拓展应用

你的身边还有哪些人工智能产品？请写在下面的横线上。

____

____

____

____

你想让人工智能为你做什么？请你根据自己的想象设计一款你需要的人工智能产品，并把它画下来。

AI小知识

人工智能（artificial intelligence）英文缩写为AI，科学界对它还没有一致的定义，我们可以通俗地理解成用人类手段去模拟和创造的智能。人工智能的一般载体是机器（如手机、计算机、机器人等）和程序（如桌面计算机软件、手机应用软件等），因此也称机器智能。

图灵测试（the Turing test）由测试者和两个被测试者（一个人和一台机器）组成，彼此相互看不到，测试者通过某些装置（如键盘）向被测试者提问，进行多次测试后，如果有超过30%的测试者不能确定被测试者是人还是机器，那么这台机器就通过了测试，并被认为具有人类智能。

第二单元 知识表示与推理

人类智能的进化与知识的学习密切相关，婴儿一般在15个月左右能叫出熟悉的人或者物品，幼儿在3岁左右词汇量快速增加并逐渐接近成年人的说话方式，儿童在4岁左右语言已具有一定的逻辑性，在5岁左右可以根据讨论的话题表达自己的见解。

机器是怎样拥有知识并像人类一样利用知识进行思考的呢？让我们来慢慢揭晓答案。

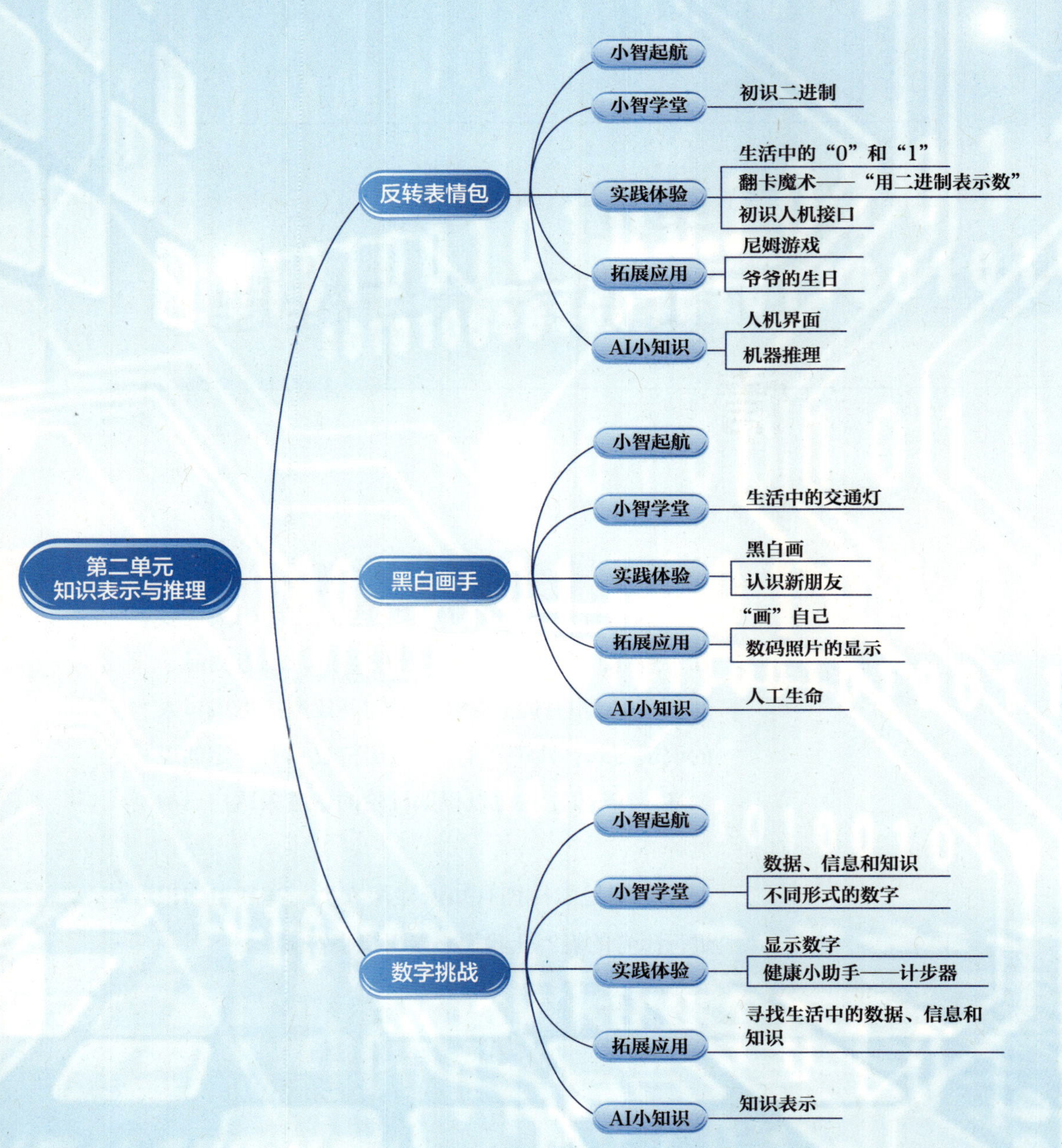
第二单元
知识表示与推理
反转表情包
小智起航
小智学堂
初识二进制
实践体验
生活中的“0”和“1”
翻卡魔术——“用二进制表示数”
初识人机接口
拓展应用
尼姆游戏
爷爷的生日
AI小知识
人机界面
机器推理
黑白画手
小智起航
小智学堂
生活中的交通灯
实践体验
黑白画
认识新朋友
拓展应用
“画”自己
数码照片的显示
AI小知识
人工生命
数字挑战
小智起航
小智学堂
数据、信息和知识
不同形式的数字
实践体验
显示数字
健康小助手——计步器
拓展应用
寻找生活中的数据、信息和知识
AI小知识
知识表示

第二单元知识结构图

2 反转表情包

小智起航

了解生活中的二进制表示方式，并用图特进行实践拓展。

通过翻卡游戏认识二进制，并学会用二进制表示数字。

在电子设备无处不在的数字时代，大家是否想过：电子设备是怎样运行和思考的呢？一个数字、一张图片、一段视频在电子设备中是如何存在的呢？让我们开始一段探索之旅吧！

小智学堂

大家知道为什么在计算机和电子设备中广泛采用二进制系统吗？

二进制（binary）是由德国数理哲学大师戈特弗里德·威廉·莱布尼茨（Gottfried Wilhelm Leibniz）设计的。它只使用“0”和“1”两个数字符号，更易于用电子方式实现，即用“关”表示“0”，“开”表示“1”。

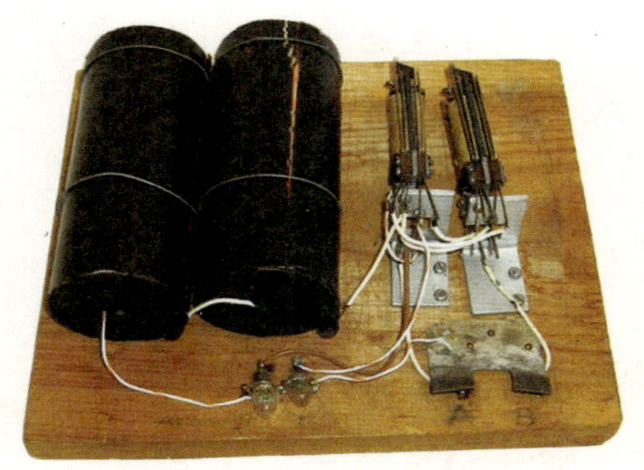
图2.1 模型K加法器

根据二进制的特点，1937年，美国贝尔实验室的科学家乔治·斯蒂比茨（George Stibitz）发明了第一台用继电器表示二进制的装置，因为该发明的灵感是在厨房餐桌喝茶时产生的，所以被命名为模型K加法器（model-K adder，图2.1），模型K是“厨房餐桌（kitchen table）”的简称。

实践体验

说到电子设备的运行需要二进制，大家可能有些困惑，别着急，让我们先从身边的生活聊起。

活动一：生活中的“0”和“1”

找一找

请大家想一想：“0”和“1”在现实生活中有没有可以代表的例子呢？告诉大家，最典型的例子就是随处可见的开关按钮（图2.2）。

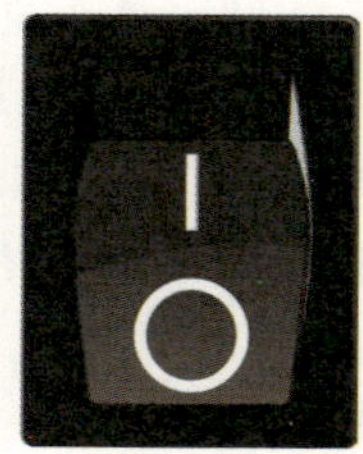

图2.2 生活中的开关按钮

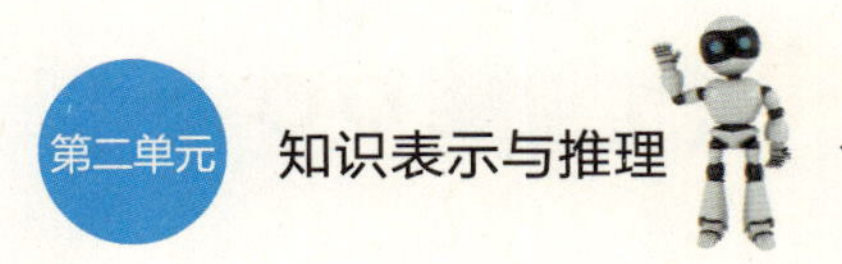

生活中其他可以代表“0”和“1”的例子还有很多。如错与对，黑与白，哭与笑，下与上等（图2.3）。

图2.3 “0”和“1”的表示

读一读

二进制的“0”和“1”只能表示以上这些吗？读了下面这个小故事，相信你会有更多的收获。

从前有座山……

优优和豆豆分别住在两座大山上，山脚下有一家商店，他们都没有任何通信工具。一天，他们下山买奶糖和雪糕，但两样都缺货，老板也不知道什么时候到货。他们下趟山都不容易，老板就想了一个办法：在商店门口放2盏灯，左边灯亮代表奶糖到货，右边灯亮代表雪糕到货，2盏灯都亮代表奶糖和雪糕同时到货。后来他们又想：能不能用更多灯的亮灭组合来传递更多的信息呢？于是他们各自在门口安了8盏灯。大家想一想：他们用这些灯可以相互传递哪些信息呢？

就像上面小故事描述的那样，我们可以把电子设备的内部想象成有很多非常微小的开关（二极管），通过这些开关的关闭（0）、开启（1）就可以表示很多信息。

活动二：翻卡魔术——“用二进制表示数”

在生活中最常见的信息当属数字（十进制数），通过上面小故事的启发，你能不能尝试用二进制的“0”和“1”来表示十进制数字呢？

玩一玩

大家先想一想：图2.4中的“?”代表什么点数呢？说说为什么。

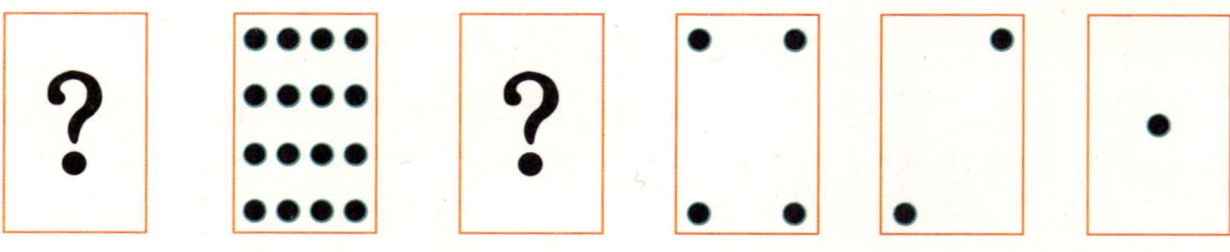

图2.4　翻卡魔术（1）

接下来我们通过一个小游戏“翻卡魔术”，来帮助大家理解“用二进制表示十进制数”的方法。

游戏规则

每个卡牌上有不同点数，从右至左分别是1、2、4、8、16、32点。

随机挑选6位学生分别拿不同点数的卡片，并按点数从小到大排队。

教师随机说出一个数字，6位学生根据点数去凑数字，用到的卡牌点数朝外，不用的点数朝内。

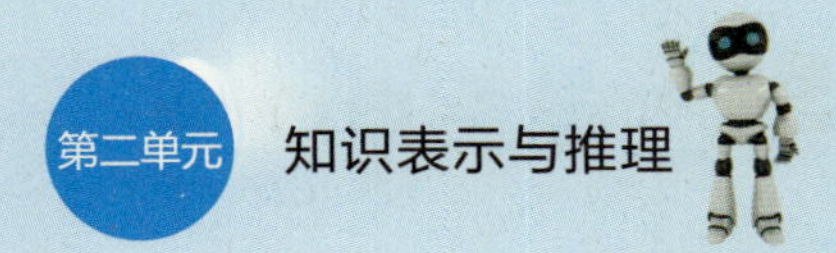

我们再尝试把游戏过程反过来，试着说一说下面两组卡牌（图2.5）代表的数字分别是多少。

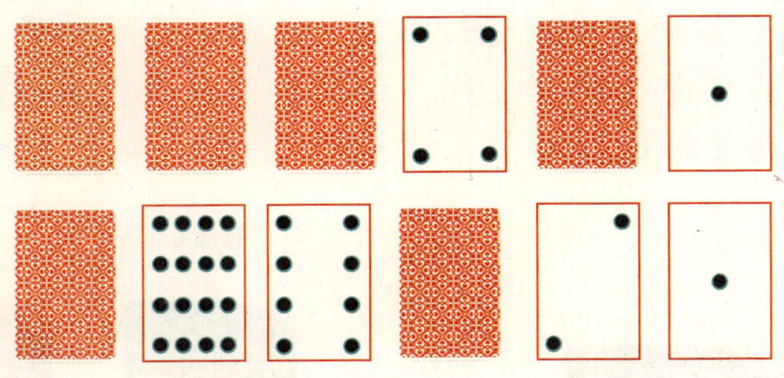

图2.5 翻卡魔术（2）

如果有点数的卡牌用“1”表示，没有点数的用“0”表示，上面第一组卡牌便可以表示成000101，这就是一组二进制数，它代表了数字“5”。

想一想

如果只用这6张卡牌，可以表示的最大数字是多少呢？

下面的这些二进制数代表多少？

0 0 0 0 0 = ____________

0 0 1 0 0 = ____________

1 0 0 0 1 = ____________

1 1 1 1 1 = ____________

如果左边再加一张卡牌，它的上面应该有多少个点呢？你发现它的规律了吗？

活动三：初识人机接口

了解了二进制表示数字的方法，接下来我们认识一个新朋友——图特（micro：bit，图2.6）。它是一套简单的智能编程套件，将陪伴我们整个学习过程，帮助我们以浅显易懂的方式了解人工智能的相关知识。

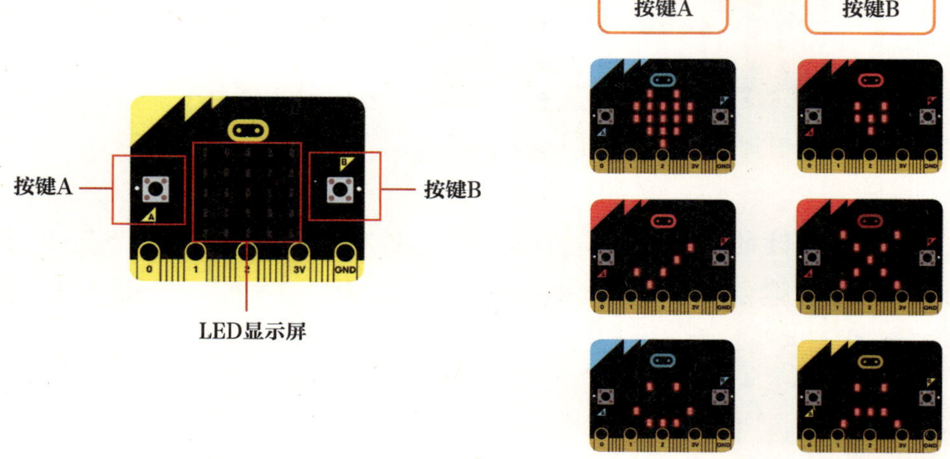

图2.6　图特

比一比

我们先通过一个小比赛尝试点亮图特吧！

比赛规则

把同学分为7人一组，6人拿着图特，1人猜数字。

同组6人同时按下按键，图特会显示相应的表情符号。

猜数字的人说出6人显示的表情所代表的二进制数（哭脸是“0”，笑脸是“1”），并尝试算出它代表的数字。

7人轮流猜，比一比哪组猜得又快又准。

示例： 同时按下按键，根据图特显示的表情判断是“0”（哭脸）还是“1”（笑脸），这时猜数字的人先确定二进制数是100101（图2.7），接着算出它表示的数是37。

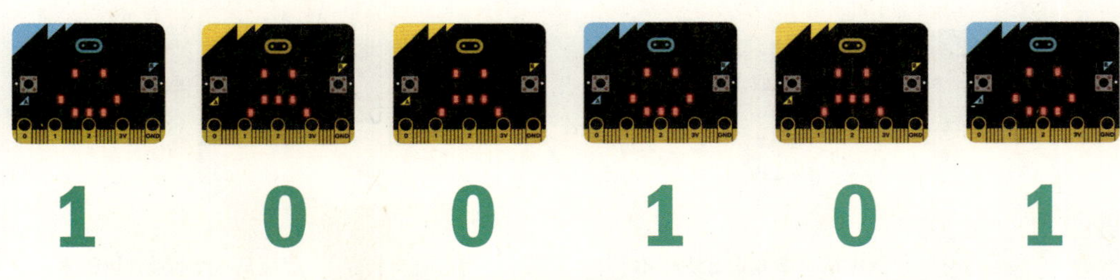

图2.7 用图特表示二进制

说一说

通过刚刚的学习，试着回答下面的两个问题吧！

在什么情况下适合使用二进制？

在生活中，我们可以使用二进制解决哪些问题？

拓展应用

玩一玩

尼姆游戏（Nim，图2.8）是一种思维博弈游戏，也是博弈论中最经典的模型之一。

游戏规则

有一些放置成堆的积木，积木块数及堆的数量由游戏者决定。两名玩家玩这个游戏时，轮到的玩家可以从某一堆里取任意数量的积木，数量可大于等于1，取得最后一块积木的玩家获胜。

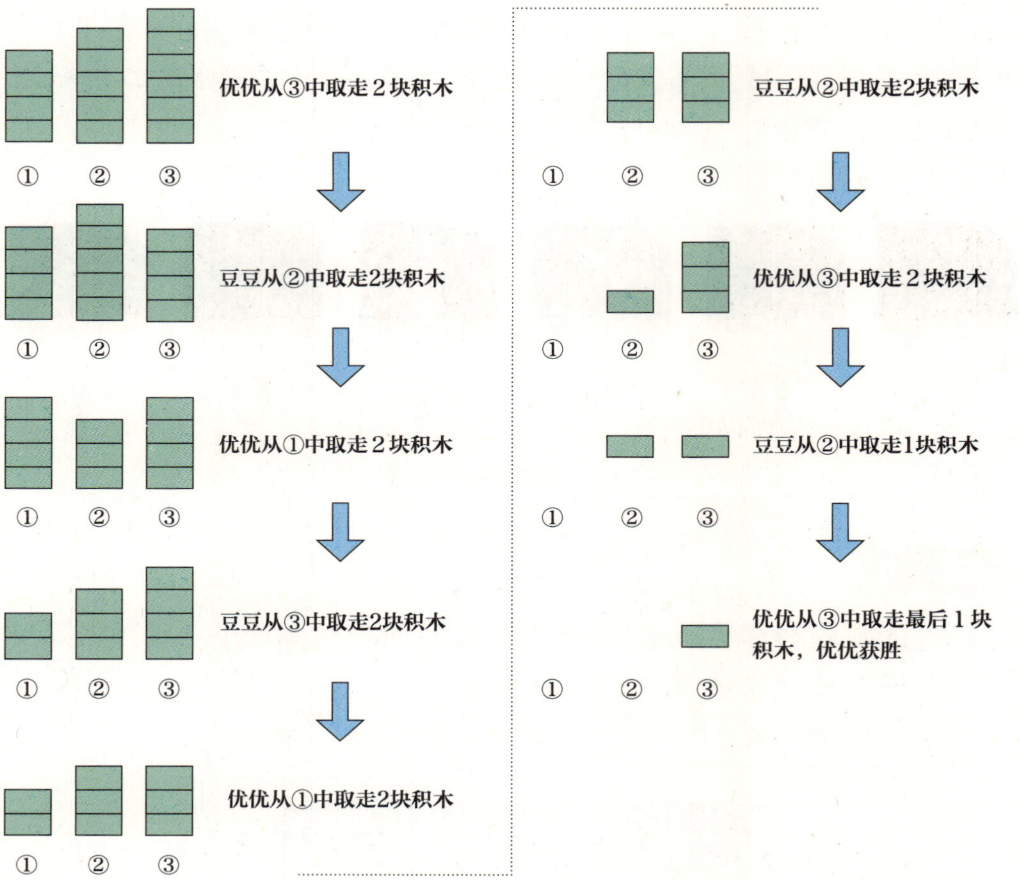

① ② ③ 优优从③中取走 2 块积木

① ② ③ 豆豆从②中取走2块积木

① ② ③ 优优从①中取走 2 块积木

① ② ③ 豆豆从③中取走2块积木

① ② ③ 优优从①中取走2块积木

① ② ③ 豆豆从②中取走2块积木

① ② ③ 优优从③中取走 2 块积木

① ② ③ 豆豆从②中取走1块积木

① ② ③ 优优从③中取走最后 1 块积木，优优获胜

图2.8 尼姆游戏

想一想

优优过7岁生日，在蛋糕上插上7支点燃的蜡烛，即可表示年龄。爷爷过80岁大寿，如果点燃80支蜡烛，蛋糕就直接融化了（图2.9）。如果只给你7支蜡烛，你会怎么表示爷爷的年龄呢？

图2.9 爷爷的生日

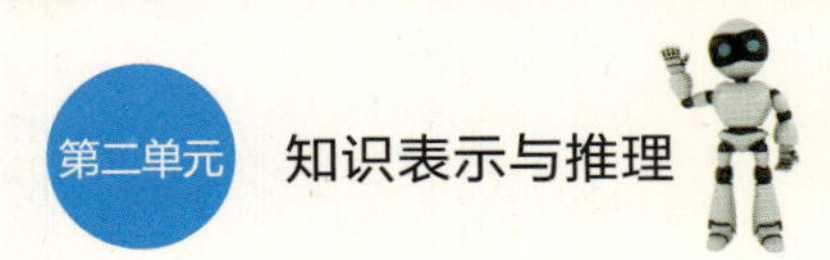

提示：

蜡烛点亮代表“1”，蜡烛熄灭代表“0”，这样，只用7支蜡烛可不可以表示爷爷的年龄呢？

AI小知识

人机界面（human machine interface）是连接人与机器、系统或设备的用户界面或仪表板。

手机、平板电脑的屏幕等是很常见的人机交互界面。这些设备刚刚出现的时候，由于技术的限制，并不能像现在这样显示出颜色丰富的图像和视频。早期的通信设备只能通过简单的符号来传达基本的信息。

1999年，日本人发明了最早的视觉情感符号（emoji）。其实，符号的使用可以追溯到很久以前，人们用刻在石器、甲骨、岩壁、器皿上的符号来传递信息或表达情感。

最古老的笑脸表情符号

2017年，考古学家在土耳其南部挖掘出了一些4000年前的陶制水壶碎片，在拼凑完整碎片之后发现上面有一张清晰的笑脸（图2.10），这是迄今为止发现的最早的表情符号。

图2.10　古代的表情符号

AI小知识

机器推理（machine reasoning）指按照某种策略，从已知事实出发，利用知识推出所需结论的过程，如机械归纳、类比等。

例子：学校组织了足球、航模和电脑兴趣小组，小智、优优和豆豆分别参加了其中一组。小智不喜欢踢足球，优优没有参加电脑小组，豆豆喜欢航模。他们三人会怎么选择兴趣小组？运用推理的方法想一想吧！

3 黑白画手

小智起航

理解“0”和“1”与二进制的关系。

学会使用“0”和“1”表示图形。

在生活中，智能设备是如何运用二进制来表示图形的呢？

小智学堂

仔细观察LED交通指示灯（图3.1），它们是怎样显示图形的呢？

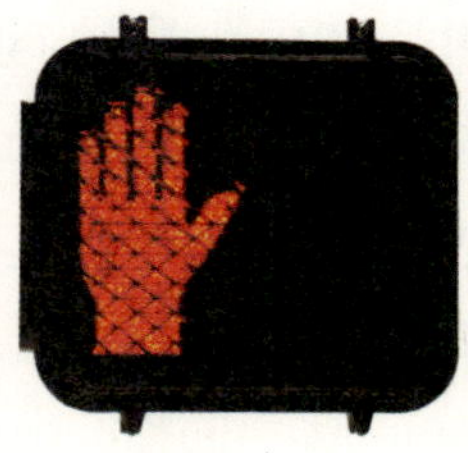

图3.1　交通指示灯

每个交通指示灯都是由很多LED小灯泡组成的，通过小灯泡的亮灭构成各种图案。

实践体验

通过小智学堂，我们已经对图像的显示方式有了初步了解。以二进制系统运行的电子设备怎样表示图像呢？我们先从最简单的黑白图像开始探索吧！

活动一：黑白画

画一画

在图3.2中，大家能把左边的小房子呈现在右边的网格图上吗？快动手画画吧！

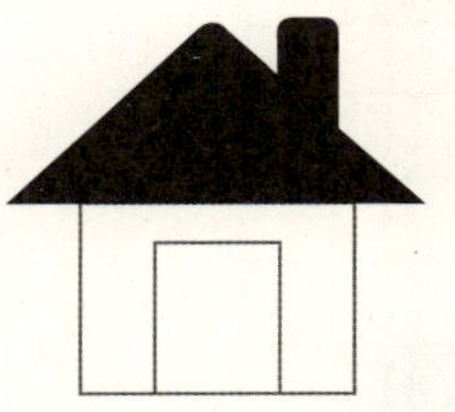

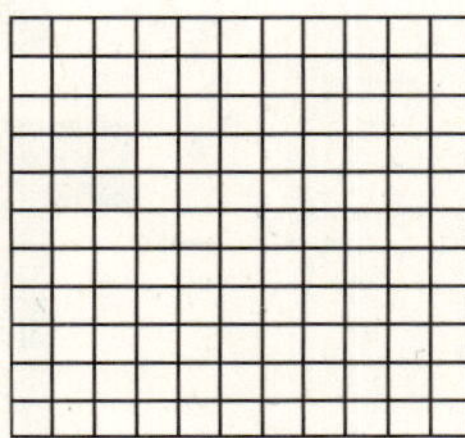

图3.2 黑白画

计算机、智能设备怎么才能理解它是一个小房子呢？试着结合二进制中的“1”和“0”想一想。

想一想

如果我们用“1”代表■，用“0”代表□，大家能理解右面的图例吗？其实，用二进制不仅可以表示十进制数字，还可以表示图形（图3.3）。

0	0	0	0	0	1	0	0	0	0	0
0	0	0	0	1	1	1	0	1	0	0
0	0	0	1	1	1	1	1	1	0	0
0	0	1	1	1	1	1	1	1	0	0
0	1	1	1	1	1	1	1	1	1	0
1	1	1	1	1	1	1	1	1	1	1
0	1	0	0	0	0	0	0	0	1	0
0	1	0	1	1	1	1	1	0	1	0
0	1	0	1	0	0	0	1	0	1	0
0	1	0	1	0	0	0	1	0	1	0
0	1	1	1	1	1	1	1	1	1	0

图3.3 用二进制表示图形

试一试

根据上一环节中的提示，大家能不能在下面的相应括号中填上“0”或“1”呢？

(　　,　　,　　,　　,　　)
(　　,　　,　　,　　,　　)
(　　,　　,　　,　　,　　)
(　　,　　,　　,　　,　　)
(　　,　　,　　,　　,　　)

(　　,　　,　　,　　,　　)
(　　,　　,　　,　　,　　)
(　　,　　,　　,　　,　　)
(　　,　　,　　,　　,　　)
(　　,　　,　　,　　,　　)

活动二：认识新朋友

说一说

大家还记得上节课与我们一起做游戏的图特吗？它是怎样表示不同表情图案的呢？认真看看图3.4，试着说一说。

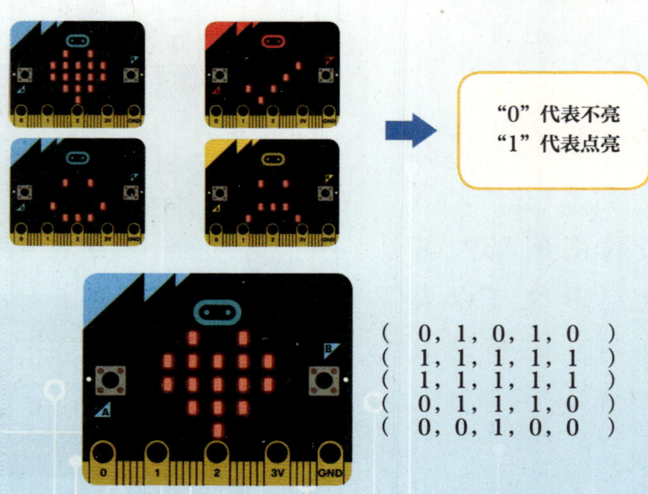

图3.4　图特的二进制

学一学

图特能通过LED灯表示不同的图形，那怎样控制不同灯的亮和灭呢？接下来，我们再来认识一个新朋友——塔洛斯（Talos，图3.5）。它是一款基于块的编程软件（block-based programming），通过它可以控制图特。

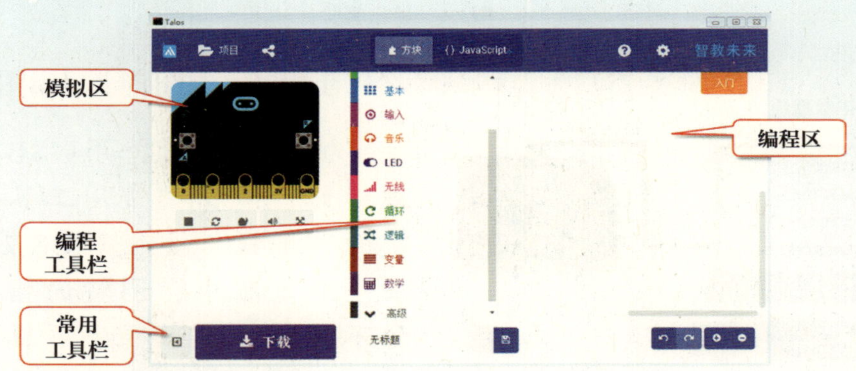

图3.5 塔洛斯界面

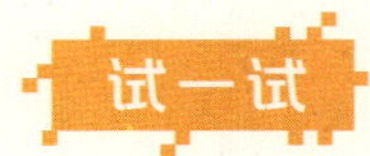

试一试

点亮图特

怎样通过塔洛斯让图特亮起来呢？让我们开始塔洛斯和图特的第一次合作吧！

步骤一：在模拟区显示一个笑脸。

①点击编程工具栏中的“基本”选项，在弹出的菜单中单击“当开机时”模块。

②拖动“基本”选项中的“显示LED”模块至“当开机时”模块下。

③当我们点击显示LED下的小方块时，模拟演示区也会相应地点亮（图3.6）。大家试着在模拟区显示一个笑脸图案吧！

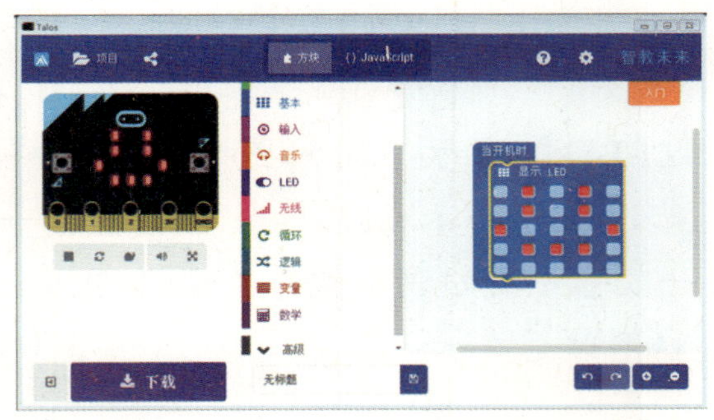

图3.6　显示笑脸

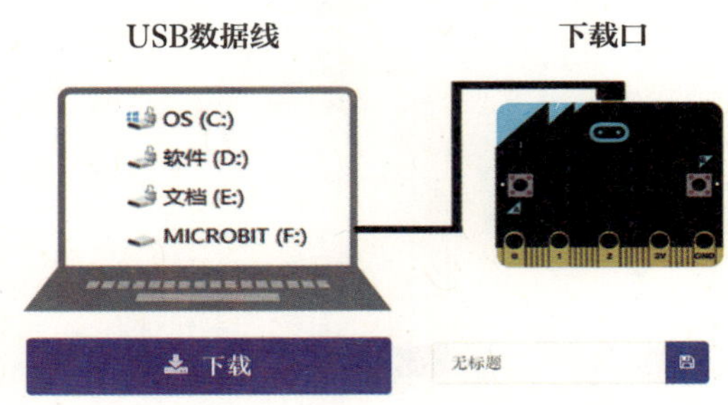

图3.7　图形下载

步骤二：在图特上显示图形。

把电脑和图特用USB数据线连好，点击“常用工具栏”中的“下载”按钮（图3.7）。在下载过程中，图特的指示灯会不断闪烁，当程序下载完成后，指示灯停止闪烁，图形就可以在图特上显示出来了。

拓展应用

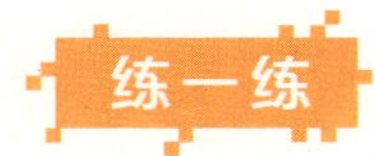

学会了用塔洛斯点亮图特，想一下什么样的图形最能代表你自己呢？在下面格子中画出来，并用0和1表示。最后尝试在图特上显示吧！

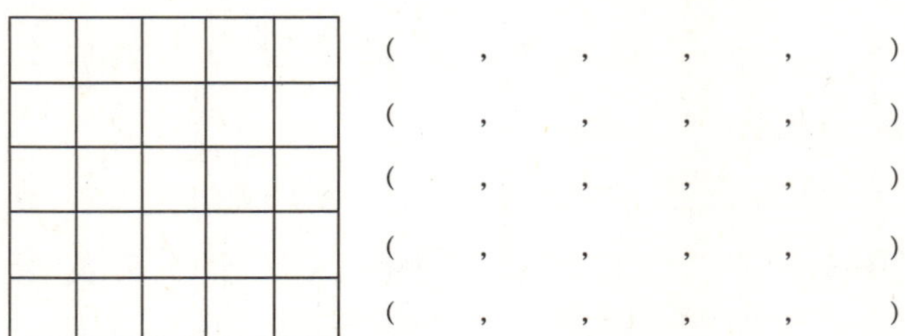

想一想

请你想一想，一张数码照片又是怎样显示的呢？观察图3.8，会不会有启发呢？

图3.8 数码照片的显示

AI小知识

人工生命（artificial life，缩写为alife或a-life）通过计算机、机器人或者生物化学来模拟自然界的生命及其过程、进化等，一些学者认为人工生命是基于行为的智能。

生命游戏（图3.9）是一个简单的人工生命。它没有玩家，是由黑白方块组成的模拟“世界”，假设在每个黑方格居住着一个活着的细胞。一个细胞在下一个时刻的生死取决于相邻8个方格中活着的细胞数量。

1. 少于2个邻居的点，在下一回合死去，模拟生命较少的情况。
2. 在周围邻居数量是2个和3个时，下一回合保持不变。
3. 在周围邻居数量大于3个时，下一回合死去，模拟生命拥挤的情况。
4. 当一个空白的点，周围的邻居数量是3个时，下一回合将会产生一个新的点，模拟生命繁殖的情况。

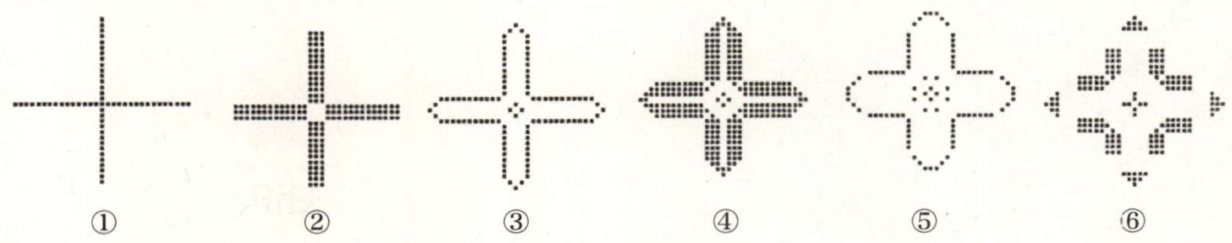

图3.9 生命游戏的简单演变过程

4 数字挑战

小智起航

- 了解数字的不同表示形式。
- 了解数据、信息和知识的关系。

人机互动除了通过显示屏和按钮，还可以通过很多传感器帮助电子设备记录和感知各种信息。这节课我们就进行一次有趣的探索——知识与计步器。

小智学堂

“知识”与“计步器”之间是什么关系呢？通过下面的内容，大家就可以找到答案。

当大家看到数字6和1时，会想到什么呢（图4.1）？

图4.1 数据、信息和知识

单独的数字6和1是没有意义的数据，但与社会赋予的意义相结合，“儿童节”就是一条信息。如果从节日角度想到“在儿童节会有才艺表演”，这就成了同学们很容易想到的知识。

思考一下，我们在生活中使用计步器的时候，有没有体现数据、信息与知识的关系呢？结合图4.2，试着说一说。

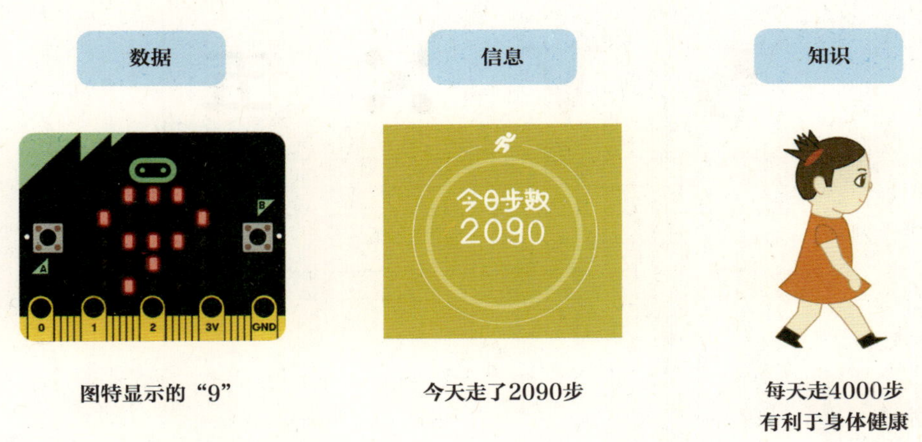

图4.2 生活中的数据、信息和知识

在我们的生活中，数字表示会有很多形式，回忆一下你都见过哪种类型的数字，不同形式的数字（图4.3）所表示的数据、信息和知识有没有不同含义呢？

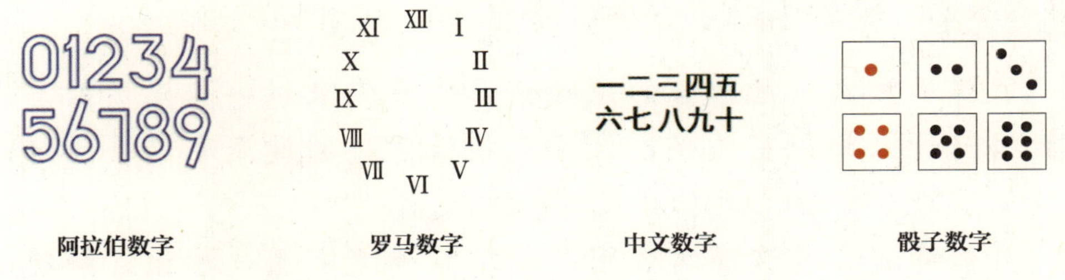

图4.3 不同形式的数字

实践体验

活动一：显示数字

做一做

我们通过前面的学习知道了塔洛斯和图特是一对好伙伴，那么，不同形式的数字能不能在图特上显示呢？大家先尝试把不同形式的“5”显示在塔洛斯的模拟区吧（可以先在方格中涂一涂）！

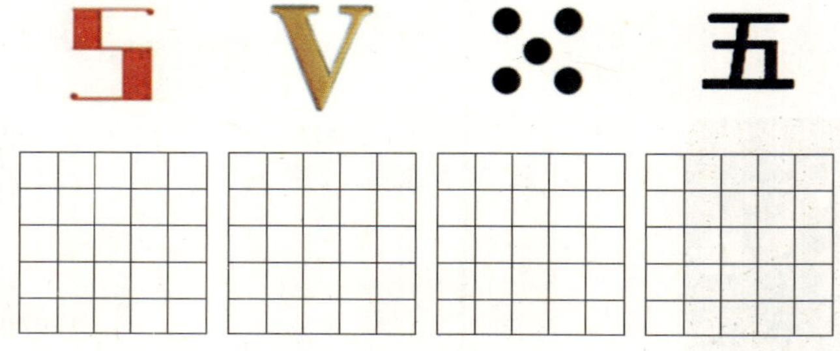

想一想

这四种形式的数字，哪种在图特上显示更简单呢？
除了“5”，你能在图特上显示其他数字的不同形式吗？

活动二：健康小助手——计步器

了解了数据、信息与知识的关系，我们来想一想计步器呈现的数据与什么知识有关呢？计步器就像身边的健康小助手，可以为我们提供分析自己运动状况的必要数据。

大家有没有过这样的疑问：走路时并没有通过按钮、触摸屏等操作智能设备，计步功能是怎样实现的呢？

想一想

步数与摆臂的关系

其实，在我们走路的时候，一个完整的摆臂动作并不是匀速的。

由于走路摆臂的动作不是匀速的，手臂速度变化也有规律，因此通过记录摆臂的变化次数，就可以实现计步功能。

生活中“速度快慢变化”的例子有很多，如跑步、紧急刹车、运行的电梯等（图4.4）。

跑步

紧急刹车

运行的电梯

图4.4　生活中的速度变化

读一读

了解了走路摆臂的特点，那么，运动手环（图4.5）是如何根据这一特点记录行走步数的呢？让我们了解一下它的内部结构吧！

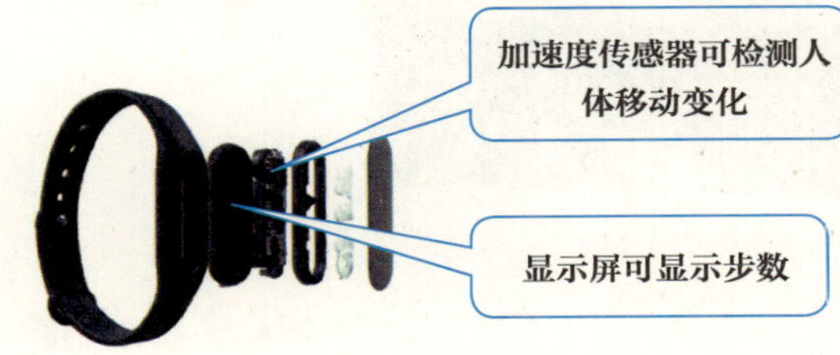

图4.5　运动手环

做一做

知道了计步器的基本原理，我们就可以用图特和塔洛斯制作一个简单的计步器了。

步骤一：功能设计。

我们利用图特上自带的点阵屏和加速度传感器（图4.6）实现基本功能。

图4.6　加速度传感器

步骤二：动手制作计步器。

①把图特插到拓展板上（图4.7），为计步器提供电源。

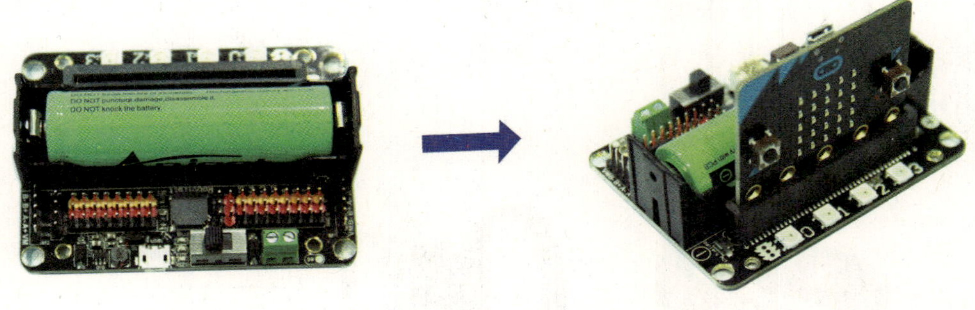

图4.7　硬件连接

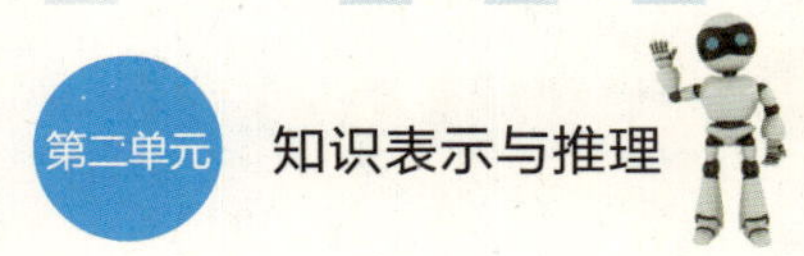

②在塔洛斯中进行计步器程序的编写（图4.8）。

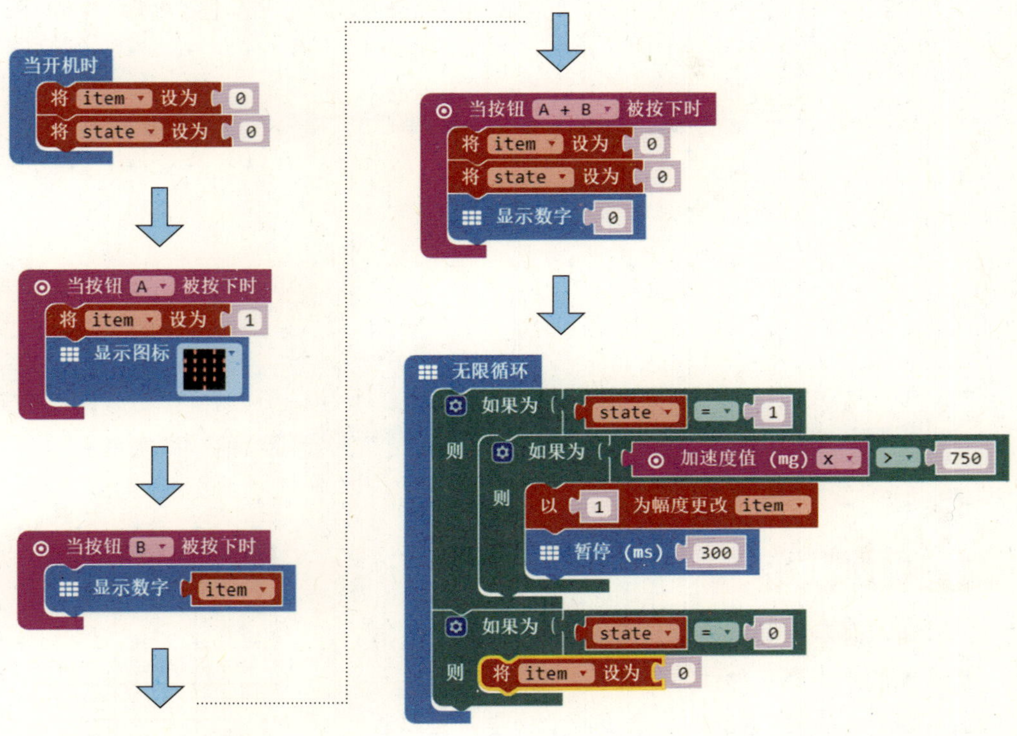

图4.8　计步器程序编写

把编写的程序下载到图特后，我们还需要对计步器进行测试并进行程序调试，这样才能让计步器的数据更为准确。

自我测试：按下A键后，携带计步器走路，心中默数步数，停止后再按B键，对比默数步数和计步器步数，计算误差。

小组测试：小组内成员依次使用同一计步器，走固定步数进行测试，计算误差。你有什么新发现？

拓展应用

请大家讨论一下，生活中还有哪些数据、信息和知识的表示。在下面的空白框里写一写、画一画吧！

AI小知识

知识表示（knowledge　representation）指把人类的知识表示为计算机容易处理的形式。

例子：不满6周岁的儿童不能上小学，可以通过Excel中的公式做简单的条件筛选（图4.9），即把知识转换成公式等固定的形式，让计算机更容易理解。

C2　fx　=B2>=6

A	B	C
姓名	年龄	筛选
小赵	5.5	FALSE
小钱	4	FALSE
小孙	6.5	TRUE
小李	3	FALSE
小周	7	TRUE
小吴	5.5	FALSE
小郑	2	FALSE
小王	6	TRUE

图4.9　知识表示

图4.10所示是一种更常见的人工智能知识表示的方法，语义网表示。

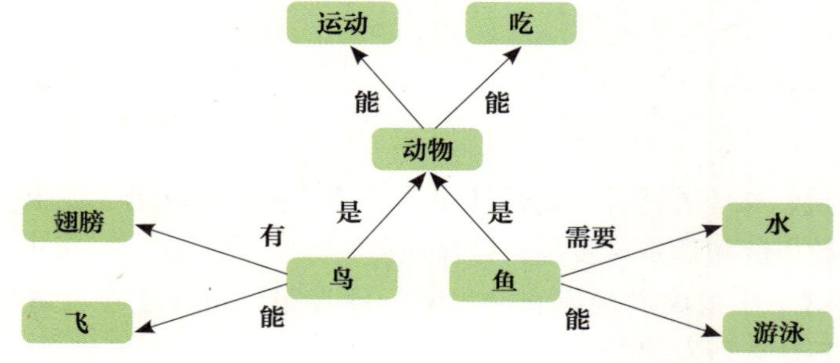

图4.10　语义网表示

第三单元
机器理解

同学们在阅读有关风景的文字时，会在头脑中勾画出一幅相应的画面。机器能不能根据一句话描绘出一幅画呢？它通过什么来理解我们输入给它的图像呢？

本单元我们将了解有关机器理解的基础知识，并在此基础上展开相关的实践活动。

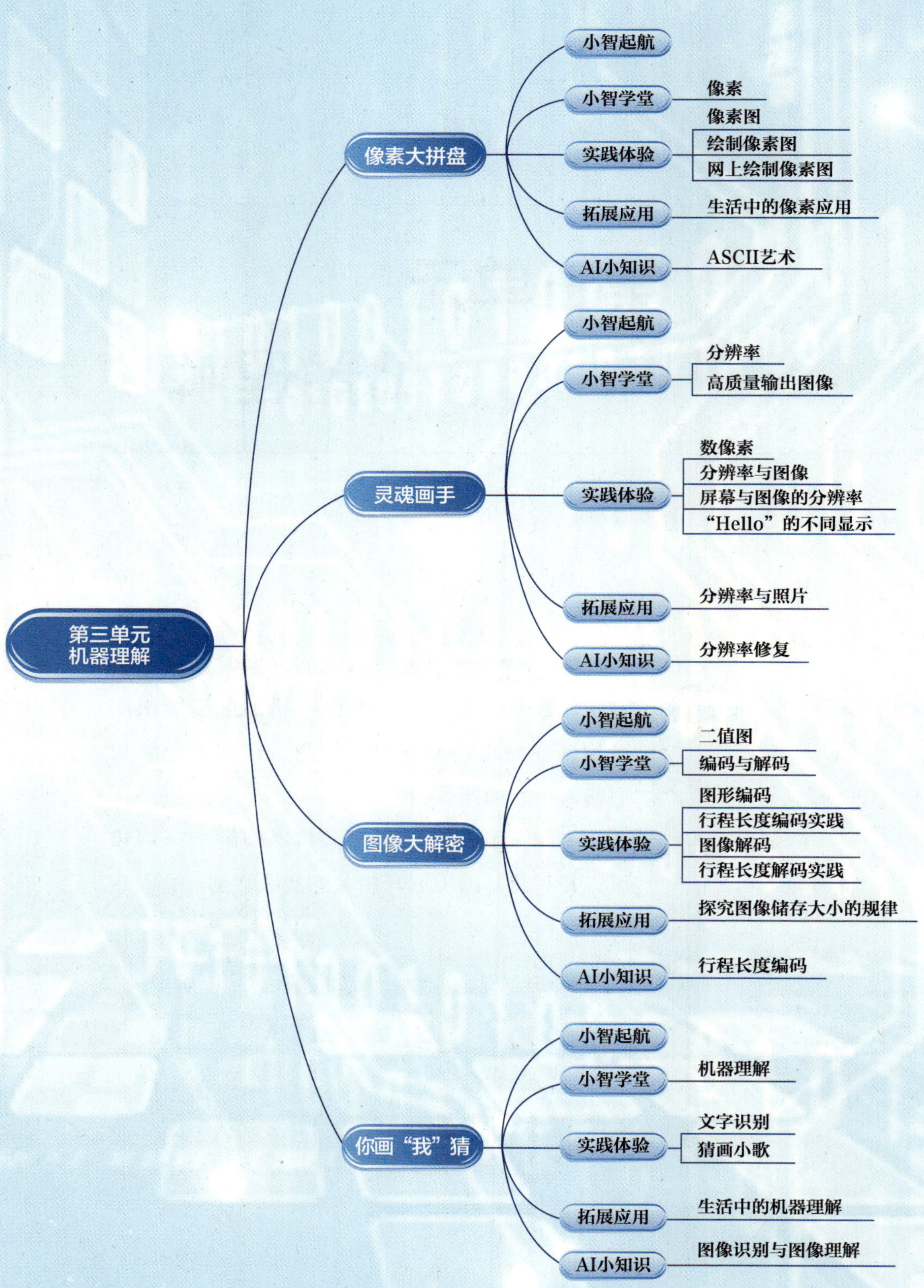
第三单元
机器理解
像素大拼盘
小智起航
小智学堂
像素
像素图
实践体验
绘制像素图
网上绘制像素图
拓展应用
生活中的像素应用
AI小知识
ASCII艺术
灵魂画手
小智起航
小智学堂
分辨率
高质量输出图像
实践体验
数像素
分辨率与图像
屏幕与图像的分辨率
“Hello”的不同显示
拓展应用
分辨率与照片
AI小知识
分辨率修复
图像大解密
小智起航
小智学堂
二值图
编码与解码
实践体验
图形编码
行程长度编码实践
图像解码
行程长度解码实践
拓展应用
探究图像储存大小的规律
AI小知识
行程长度编码
你画“我”猜
小智起航
小智学堂
机器理解
实践体验
文字识别
猜画小歌
拓展应用
生活中的机器理解
AI小知识
图像识别与图像理解

第三单元知识结构图

5 像素大拼盘

小智起航

- 初步认识像素的含义。
- 知道像素是图像的基本单位，图像是由像素组成的。
- 初步认识像素画，并动手绘制像素画。

人眼看到的图像并不能永久保存，我们可以借助于手机或者数码相机的摄像头把它们拍摄下来并保存成文件。它们是如何保存的呢？我们先来了解有关像素的知识。

小智学堂

“像素”这个词主要用于电子数码产品中的图像（图5.1～图5.4），我们自己用手在纸上绘制的图案不能称为像素。

图5.1　显示器显示的图像

齐放的发展时期。此后到21纪初的几场局部战争中，无人车也发挥了不容置疑的战略性作用。各国看到了无人武器的前景，都开始向无人平台领域投入大量资金，形成了新的更加激烈的竞争态势。随着相关技术不断突破，无人平台也取得了许多新的成果。

于是从20世纪80年代到21世纪初，无人平台迎来一个空前迅猛的发展高潮。用得最多、发展最早的当然还是军事领域。

地面上，世界各国都已研制并装备多种型号的地面无人作战平台，主要是尺寸大小、功能特点各异的无人车。比如美国部署在伊拉克和阿富汗的PackBot（图1-13），是一种小型便携式无人车，可以执行拆弹、监视、侦察、危险物质侦测等任务，让士兵尽量远离危险。它也是世界上经受考验最多、最成功的地面无人平台。

图1-13 著名的军用无人车、排爆机器人PackBot，是美国iRobot公司研制生产的

这类无人车为了处理爆炸物，都装有一套机械臂，臂上除了摄像机等

图5.2 印刷的图像

图5.3 手机中的图像

图5.4 数码相机拍摄的图像

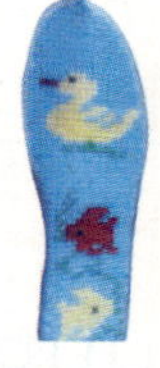

图5.5 十字绣作品

我们看到的十字绣（图5.5）是由一个个小方格组成的，许许多多的小方格就组成了一幅画。

我们把电脑和手机里的图像放大一定的倍数，就会发现这种图像也是由许多连续的、有颜色的小方格所组成的（图5.6）。

图5.6 图片放大效果

这些小方格就是构成图像的最小单位——像素。像素的单位是个。每一个方格是一个像素，许许多多的像素就组成了一幅图像。

一般我们说手机摄像头的分辨率是2000万像素，指该手机最大能够输出由2000万个小方格组成的原始图像。

图像的质量是由多种因素决定的，像素只是其中的一个因素。

实践体验

像素画是以像素为基本单位的绘画形式。它是一种图标风格的图像，更强调清晰的轮廓、明快的色彩。

活动一：像素图

猜一猜

仔细观察下面三幅画，猜一猜它们分别是什么画，并写在括号里。

（　　　　）

（　　　　）

（　　　　）

活动二：绘制像素图

画一画

请同学们在方格纸中画出下面两幅图。

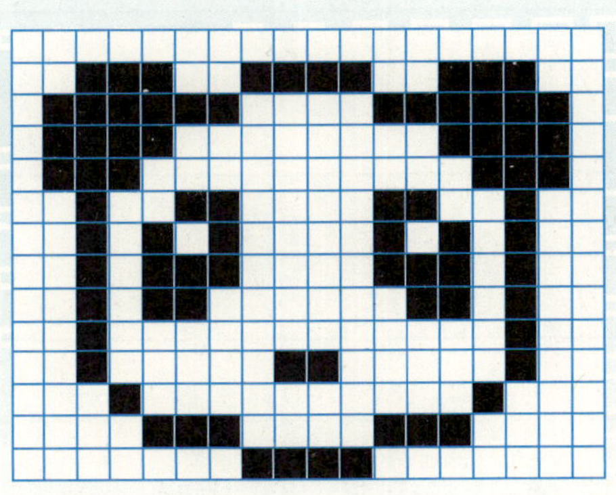

活动三：挑战任务

我们在网上也可以进行像素图的绘制。请同学们进入粒子部落系统（图5.7），选择画笔、颜色并开始绘画。画好之后别忘记导出保存。

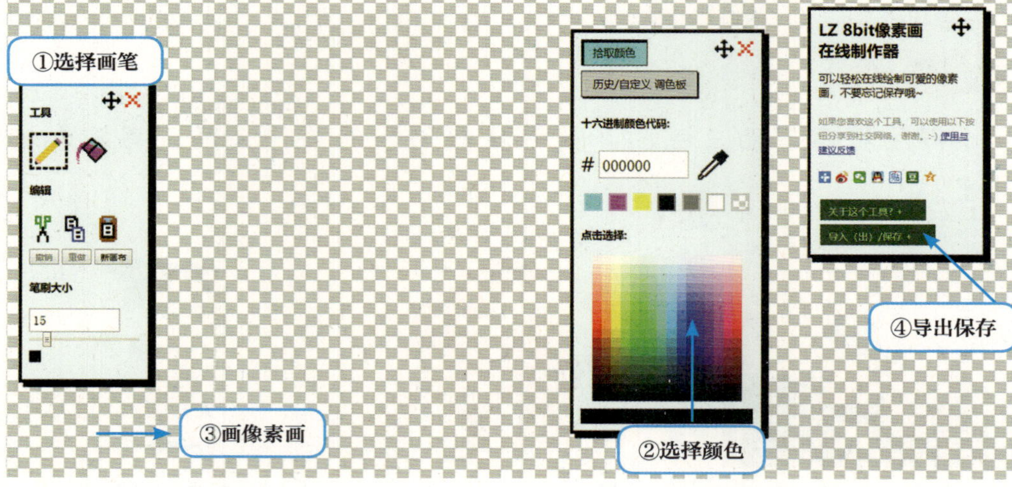

图5.7　粒子部落系统

拓展应用

联系实际生活，说一说像素还有哪些应用。

ASCII艺术（ASCII art）是用可打印字符表示图像的一种形式，因这些字符由ASCII标准定义，故名ASCII码。

在20世纪60年代，当时的电脑显示技术还比较落后，因此研究者和艺术家专门研究并采用ASCII中128个字符中的95个（等宽）纯字符表示图像（图5.8），其对应关系如表5.1所示。

图5.8　简单的ASCII艺术图

表5.1　ASCII表情与含义对照表

ASCII表情	含义	ASCII 表情	含义
:–D	开心	:–(	不悦
:–P	吐舌头	:–O	惊讶
;–)	眨眼	@_@	困惑
<※	花束	T_T	哭泣
>_<	抓狂	= =#	生气
= =b	冒冷汗	(︶^︶)	不满

6

灵魂画手

小智起航

- 学习分辨率的概念。
- 掌握像素和图像清晰度之间的关系。
- 了解坐标轴的用途，认识图特、外接显示屏两者分辨率的区别。

两张尺寸、内容一样的图像，为什么一张清楚，一张模糊呢（图6.1）？图像的清晰度与分辨率有关。今天我们就一起学习有关它的知识。

图6.1　不同清晰度的图片

小智学堂

我们在生活中会发现，并不是液晶屏幕越大图像就越清晰。这是什么原因呢？

图像分辨率用于描述图像存储的信息量大小。常用的表示方法是PPI（Pixels Per Inch）。PPI即每英寸（2.54厘米）单位内所填充的像素数量。

生活中常见的屏幕分辨率有标准、高清、全高清和超高清四种。如全高清电视（1080P）的行和列分别有1920个和1080个像素（图6.2、图6.3），整个屏幕的像素总数约200万个（图6.4）。

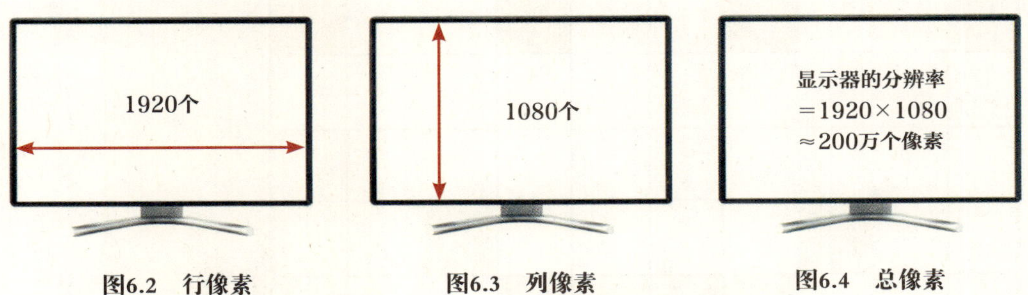

图6.2　行像素　　图6.3　列像素　　图6.4　总像素

我们还经常会用输出设备（如打印机、绘图仪等）打印文档或者冲印照片。通过这些设备输出后的分辨率称为输出分辨率DPI（Dots Per Inch），即点每英寸。报纸的输出分辨率为125～170DPI，杂志的输出分辨率为300DPI，激光打印机打印的输出分辨率一般在600DPI以上。

我们常常将输出分辨率在300DPI以上的图像称为高质量输出图像。

实践体验

在我们欣赏一幅幅美丽的图像时，有没有想过像素、输出分辨率、图像分辨率之间的关系呢？

活动一：数像素

数一数

如果一个方格代表一个像素，数一数下面这个图像一共有（　　）个像素。你是怎么计算的？

在一张图中，所有像素的总和也可以称为分辨率。

活动二：分辨率与图像

算一算

观察下面的像素数，你发现了什么规律？

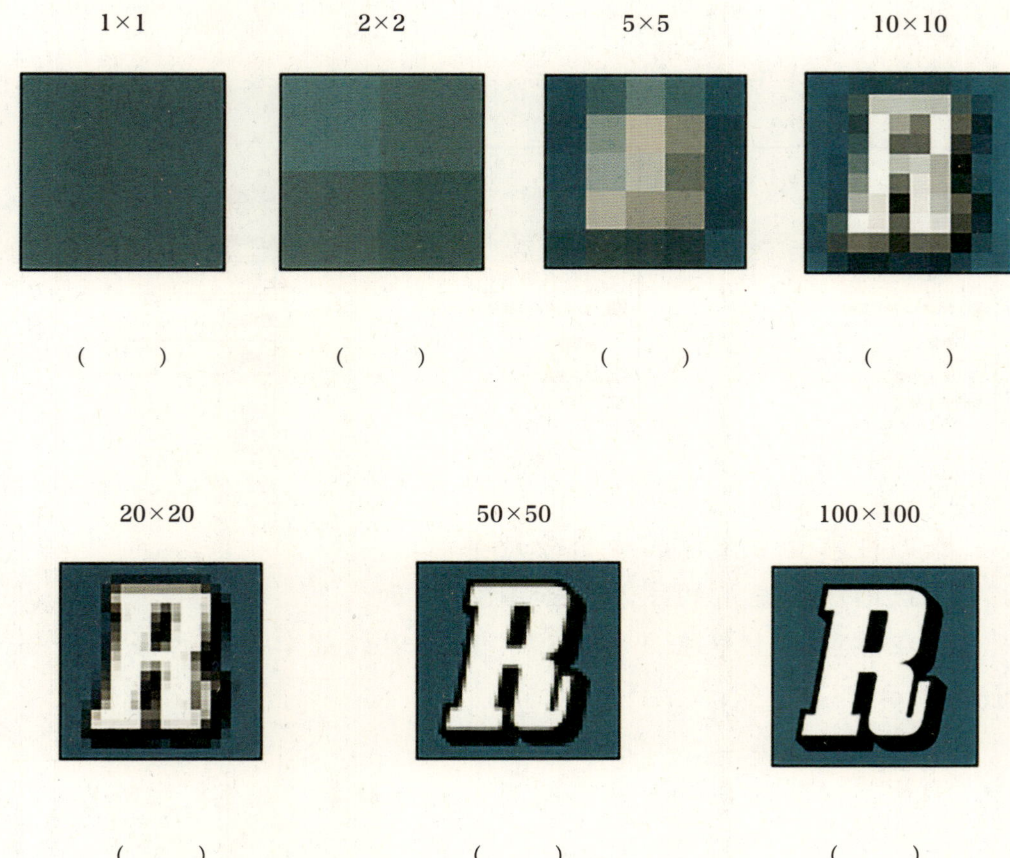

（图片来源：维基百科 https://zh.wikipedia.org/wiki/%E5%88%86%E8%BE%A8%E7%8E%87#/media/File:Resolution_illustration.png）

我们会发现： 尺寸相同的两张图像，分辨率可以是不一样的。图像中的像素越多，分辨率越高，图像就越清晰。

活动三：屏幕与图像的分辨率

屏幕分辨率

如何查看显示器的分辨率？我们以“Windows10专业版”为例：

①在桌面空白处单击鼠标右键，出现图6.5。

②鼠标单击“显示设置”，如图6.6所示。

③查看分辨率，如图6.7所示。

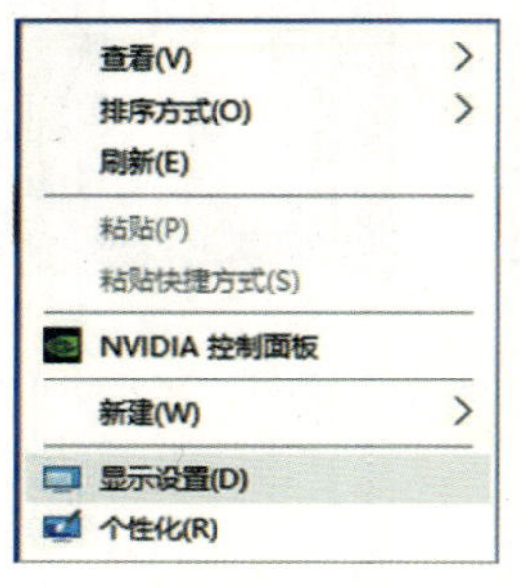

图6.5

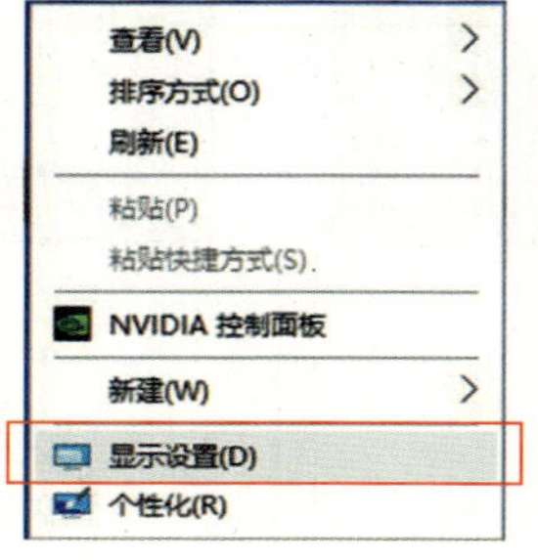

图6.6

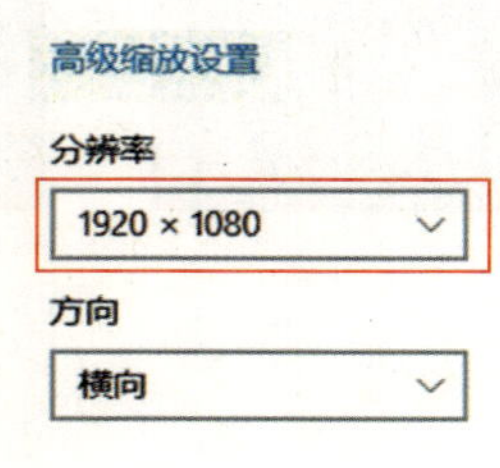

图6.7

我们再来查看图像的输出分辨率。

①找到所要查看的图片，如图6.8所示。

②在该图片上单击鼠标右键，在出现的菜单中选择属性，如图6.9所示。

③弹出属性窗口，如图6.10所示。

④单击详细信息，查看图像的输出分辨率，如图6.11所示。

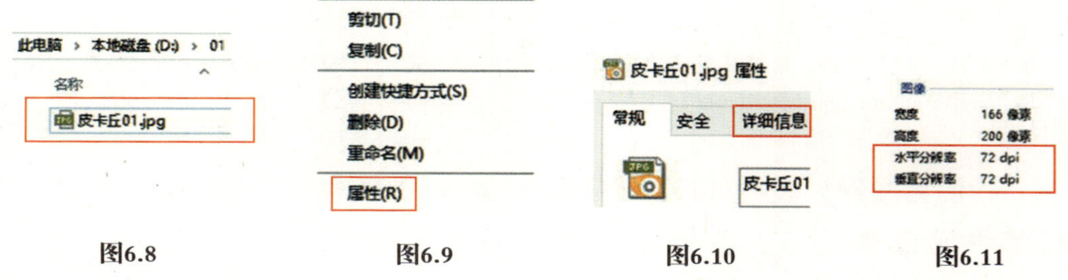

图6.8　图6.9　图6.10　图6.11

活动四：挑战任务

我们可以用图特的LED显示屏显示不同的数字、图形，那么使用图特的拓展板及外接显示屏，可不可以呈现相同或不同的图形呢？

使用图特显示：Hello

步骤一：硬件连接。

①将拓展板开关置于关闭位置，将电池插入拓展板的电池盒中，如图6.12所示。

②将图特插入拓展板的相应位置处，如图6.13所示。

图6.12

图6.13

步骤二：程序编写。

①点击“基本”按钮，找到“显示字符串”模块，并拖动到编程区，如图6.14所示。

②把“显示字符串”模块拖动到“当开机时”模块下，并运行程序，如图6.15所示。

图6.14

图6.15

使用外接显示屏显示：Hello

步骤一：硬件连接。

使用连接线连接拓展板与外接显示屏连接，如图6.16所示。

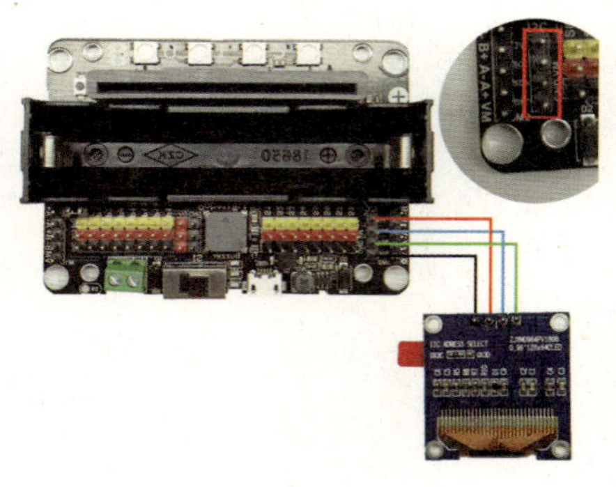

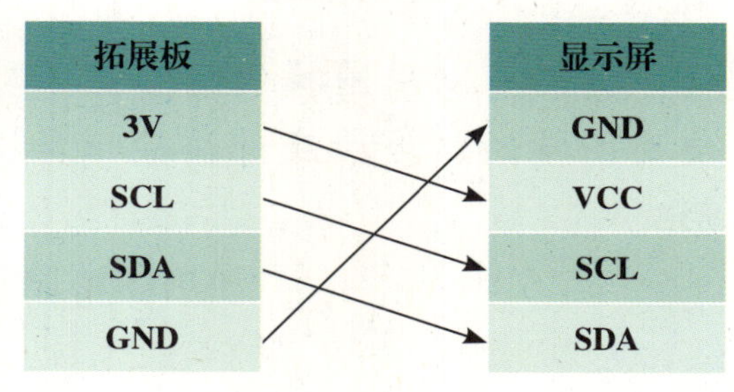

图6.16

步骤二：程序编写。

①点击“基本”按钮，将“显示字符串”模块拖动到编程区，如图6.17所示。

②点击“AIEDU”按钮，将“初始化屏幕，地址为”模块拖动到编程区，如图6.18所示。

③点击“AIEDU”按钮，将“将文字显示在”模块拖动到编程区，如图6.19所示。

图6.17

图6.18

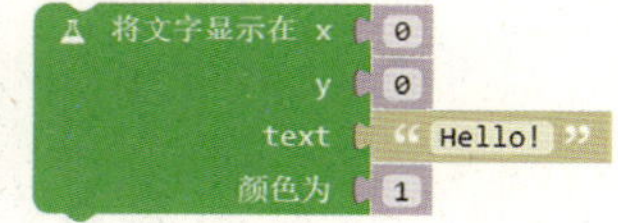

图6.19

④将命令按顺序排列好，如图6.20所示。

⑤修改x为1，y为3，如图6.21所示。

图6.20

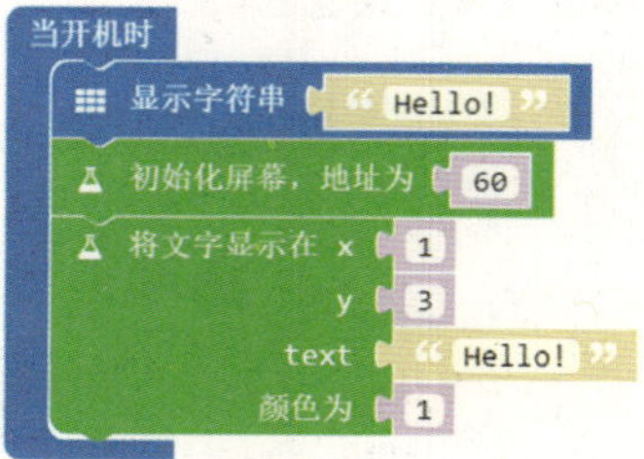

图6.21

⑥使用Micro USB将图特与计算机连接起来。

⑦点击“下载”按钮，将程序下载到MICROBIT的磁盘中，这时就可以在图特及显示屏上显示出“Hello”。

下载并观察图特与外接显示屏的显示内容。

同样的内容，为什么显示屏显示的更清晰？
同样的内容，为什么图特需要滚动显示？

拓展应用

我们在冲洗照片的时候需要提供照片的尺寸信息，比如1寸、2寸。如果知道分辨率，要怎么计算尺寸呢？

一张640个×480个像素的图像，我们希望以200 DPI的输出分辨率打印它，640除以200等于3.2，480除以200等于2.4，因此打印的长宽尺寸分别为3.2英寸和2.4英寸。

想一想

学校组织文艺表演活动，需要同学们提交自己的5寸（长宽尺寸分别为5英寸×3.5英寸）生活照，优优的妈妈帮她找到了一张像素为800个×600个的电子照片（图6.22），请问照相馆能帮她冲洗出5寸照片吗？

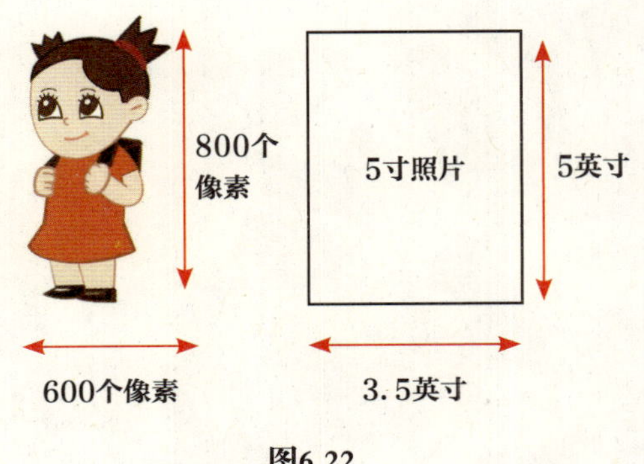

图6.22

AI小知识

分辨率修复（resolution repair）指利用人工智能技术将低分辨率照片修复为高分辨率照片。

德国智能系统研究所的科研人员在2017年国际计算机视觉会议上发表了一篇论文。提出了通过自动纹理合成的单图像超分辨率的人工智能技术，这项技术可以将分辨率非常低的照片修复为高分辨率的照片。

我们知道图像的分辨率是很难增加的，因此将模糊的图像修复成清晰的图像是一件非常不容易的事情。利用人工智能中的机器学习技术，科学家给机器输入数以百万计的低分辨率图像，然后再输入这些图像的高分辨率原始照片，来对机器进行训练。这些训练能够让机器逐渐“理解”同一幅图像在不同分辨率下的相似和不同，并且学习精确增加分辨率的技巧。

比如我国著名的敦煌壁画，它记录了古代人民对飞天的梦想。不仅是研究历史的重要文献，还是文化的瑰宝。但是由于自然的侵蚀，有些壁画已经残破不全，我们很难一睹它们往日的风采。这时候我们就可以用人工智能技术帮忙实现壁画的虚拟修复了。

在计算机上把一些脱落、变色、褪色的壁画修复成符合敦煌艺术家认同的没有受到侵害时的图像，这会用到把模糊图像修复成清晰图像的机器学习技术。这项技术的应用，可以轻松地将残缺的图像尽可能地恢复成原来的样子。

7 图像大解密

小智起航

● 学习二值图像的编码和解码。

● 了解传真图像编码和解码的原理。

● 用图特显示的图像进行编码、解码换算。

图像的质量和分辨率有关，那么分辨率越高的图像，是否在保存时占用的空间也越大呢？

小智学堂

我们知道在计算机的世界里只有0和1，所有的数字在计算机中都是按照二进制存储的。计算机中存储信息的最小单位是位（bit）。一位就是一个0或者一个1，而8位又组成了1个字节（byte）。

仔细观察图7.1，看看有什么不同。

图7.1　三种图片的区别

二值图指每个像素的值只有两种：黑或白。多数的图书、文件、报纸等都是二值图像。二值图只能描述图像的轮廓，不能描述其细节。

从“图”到“图的表示”，再到“机器”（图→图的表示→机器），这样机器就知道人让它做什么，这个过程就是编码。编码就是将某样东西按照一定的规则放到一起，“码”在这里是数字的意思。计算机编码（图7.2）就是把文字或图像转换成计算机可识别的0、1的过程。

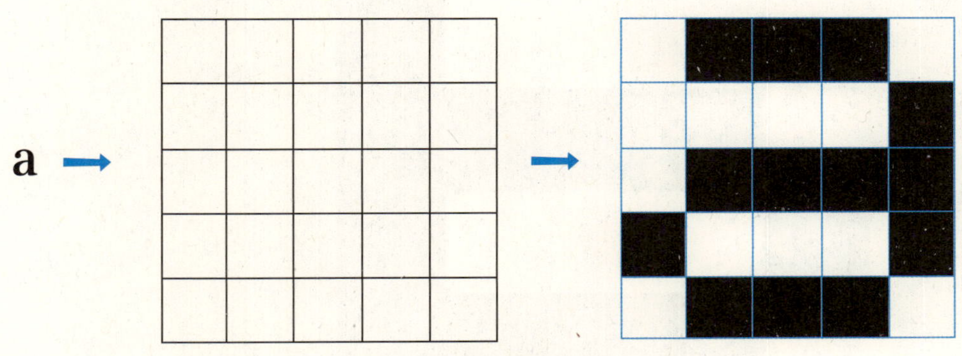

图7.2 计算机编码

［1个白色方格，3个连续的黑色方格，1个白色方格］→［1，3，1］（图7.3）。

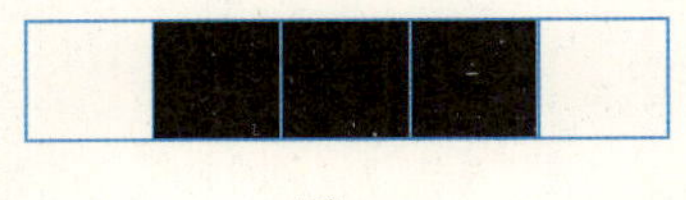

图7.3

图7.4如何用数字表示？结果出现了什么情况？

［1个黑色方格，3个连续的白色方格，1个黑色方格］→［0，1，3，1］。

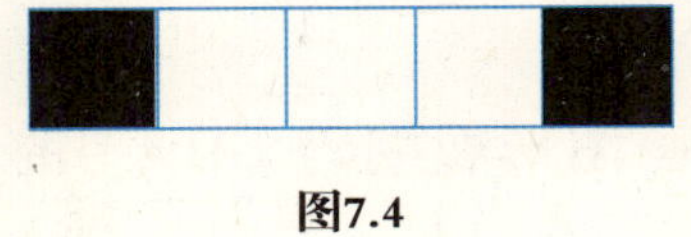

图7.4

用数字表示图像时要注意：图像必须以白色像素开头，若不是白色像素开头，则开头数字添加“0”来区分。

实践体验

活动一：图形编码

请将图7.5中的编码补充完整。

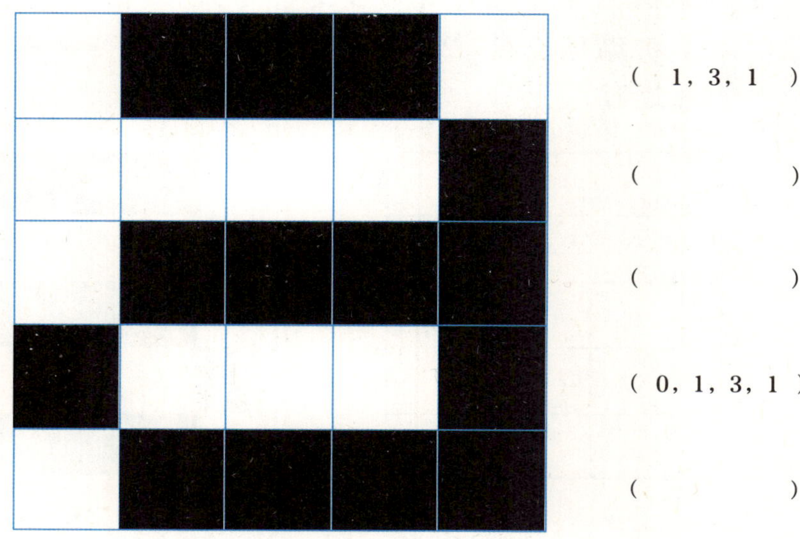

图7.5 图形编码

活动二：行程长度编码实践

操作步骤：

①进入图形编码解码系统。

②我们会看到run-length encoding，即行程长度编码。默认是5×5的方阵，一共有25个方格。

③修改方格数量：点击5旁边的▼，选择范围为2～20。点击数字9，这样就修改成了9×9的方阵，一共有81个方格。

游戏：画图形看编码【9×9的方阵】

点击左侧方格，改变方格的颜色，组成自己需要的图形。如果点错颜色，再次点击即可（图7.6）。

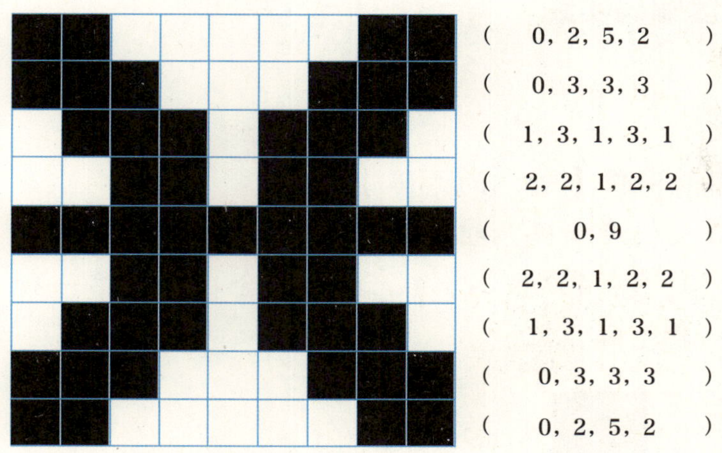

Invert

Clear all black pixels

图7.6　图形编码

按钮Invert：可以把当前图像的颜色进行翻转，黑变白，白变黑。

按钮Clear all black pixels：清除图像上所有的黑色方块，所有方块颜色恢复成白色。

通过上面的例子，我们知道了如何把一幅简单的二值图像转换成相应的数字。

活动三：图像解码

根据这些数字编码，用铅笔在纸上进行相应的填充（图7.7）。

					(2, 1, 2)
					(0, 5)
					(0, 1, 1, 1, 1, 1)
					(0, 5)
					(2, 1, 2)

图7.7　图像编码

活动四：行程长度解码实践

玩一玩

游戏：输入数字看图像【5×5的方阵】。

请在代码框中输入相应编码，组成图7.8所示的图像。

如第一行输入：0，1，1，1，1，1，我们就会在左边第一行看到图形：黑、白、黑、白、黑。

(0, 1, 1, 1, 1, 1)

(1, 1, 1, 1, 1)

(0, 1, 1, 1, 1, 1)

(1, 1, 1, 1, 1)

(0, 1, 1, 1, 1, 1)

图7.8 图形解码

拓展应用

用图特显示图像（图7.9），算出图像表示的数字，让同桌根据数字猜猜你画的是什么。

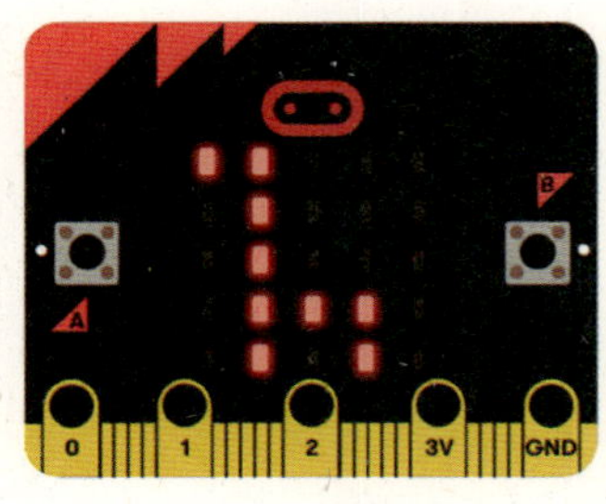

图7.9 图特显示的图像

用手机或者电脑摄像头拍摄几张照片，要求如表7.1所示，然后存储到电脑中，看看存储的大小有什么规律。

表7.1 照片要求及相关数值表

照片要求	白纸	黑白书的内页	单人照片	多人合影
存储大小				
发现的规律				

AI小知识

行程长度编码（run-length encoding）可将一个扫描行中相邻且颜色相同的像素归为一组，并用两个字节来表示。第一个字节表示计数值，第二个字节表示像素值。

B表示黑色像素，W表示白色像素，有如下扫描线：

WWWWWWBBWWWBWWWWWWWWWWWW

采用行程长度编码可以简化表示为6W2B3W1B12W。

行程长度编码虽然简单，但不是最优的编码。为了提高传真的准确性和速度，经常会使用改进的霍夫曼编码（modified Huffman code）。

改进的霍夫曼编码将行程长度编码和霍夫曼编码相结合。通过对白色底图上的黑色进行编码，可以对大量重复数据进行简化，从而在准确传输的基础上提高传输效率。

读一读

传真机可以将文字、图表、照片等记录在纸面上生成静态图像，通过扫描和光电变换输出电信号，传送到目的地。这样我们就可以在足不出户的情况下，在不同的地方获取与发送的原稿一样的内容，这样的通信方式称为传真。

传真机的编码过程可简单描述为：将需要发送的文件通过传真机扫描后，转化成为一系列的黑白信息——0、1数字，该信息再转化为声频信号，并通过传统电话线进行传送（图7.10）。

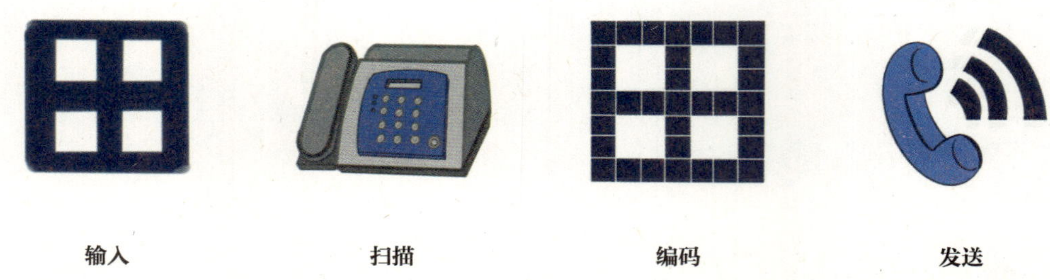

图7.10　传真机的编码过程

虽然通过计算机编码可以把文字或图像转换成计算机可识别的0、1，但是这些0、1对于接收的人来说，并不容易理解，我们还需要将它们还原成一开始发送的文字或图像。所以解码是用特定方法把数码还原成它所代表的内容信息的过程，它是编码的相反操作（图7.11）。

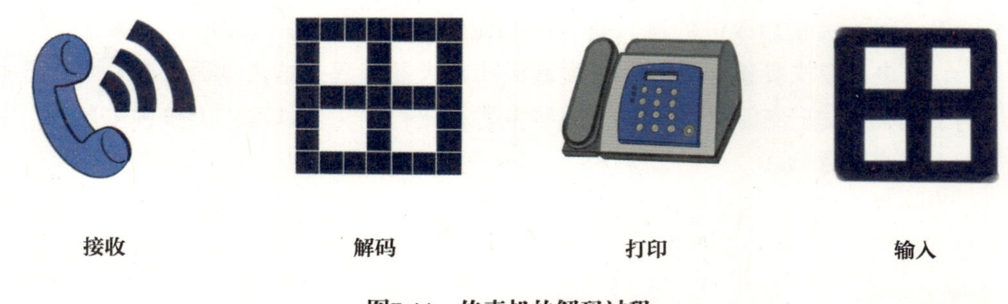

图7.11　传真机的解码过程

传真机就是先将图像转换成数字，再将数字转换成图像，从而实现内容远距离传输的。

8 你画“我”猜

小智起航

◎通过“人机类比”初步了解机器理解的过程。

◎体验“数字识别”和“猜画小歌”，了解机器理解在生活中的应用。

人类的大脑非常容易理解眼睛所看到的东西，这是由人类的大脑和眼睛长期“合作”的视觉系统功能来完成的。它包括眼睛的感光机制、神经系统的传导机制和大脑的处理机制。如何让计算机能够准确理解输入的内容呢？今天，我们就来一起学习“机器理解”的相关内容。

小智学堂

让我们先来和小伙伴一起玩一个“你画我猜”的游戏（图8.1）。

玩一玩

游戏规则

两人一组，出题者面向老师，猜题者背对老师。

老师向出题者出示卡片，卡片上有需要出题者画出的物体名称。

出题者根据卡片内容画出此物，不允许出现文字，限时20秒，随后收回卡片。

画完后，猜题者转身，猜一下搭档画的是什么。

猜题时间限时10秒，最后看哪组猜对的多。

图8.1 “你画我猜”游戏

想一想

如果把和你玩游戏的小伙伴换成一台具有人工智能的机器，它需要哪些关键步骤才能“猜”出你所画的内容呢？

提取像素： 看出题者的图上都表达了哪些信息。

去除干扰： 哪些可能是出题者画得不准确或者画错的地方。

特征提取： 图像中的哪些信息是对猜测图像内容最有用的。

特征匹配： 通过已有记忆联想图像可能表达的意思。

试一试

尝试完成图8.2、图8.3中所示的操作。

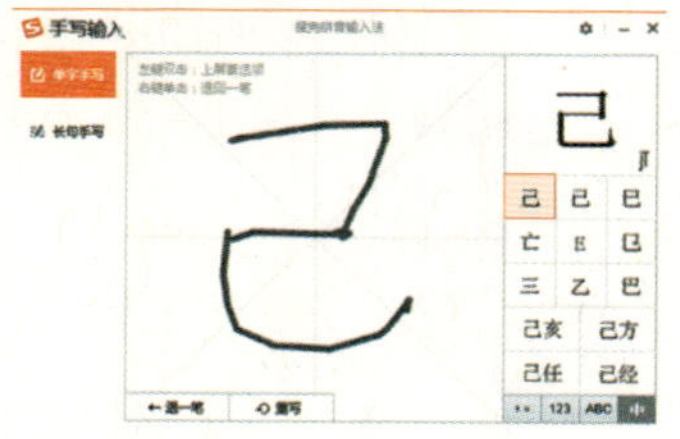

图8.2 手写输入识别文字

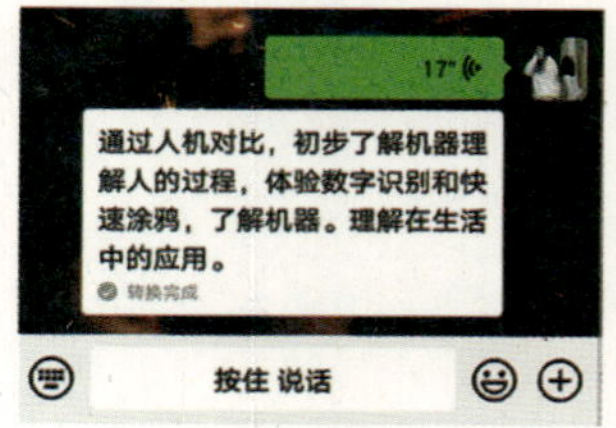

图8.3 语音输入识别文字

学一学

如果我们把眼睛比作照相机，眼球每200毫秒转动一次，就能“拍摄”一张图像。因此，一个3岁左右的孩子实际上已经看过了上亿张真实世界的“照片”（图8.4）。

机器是如何通过这样的“训练”过程，“理解”新输入内容的呢？图8.5给出了答案。

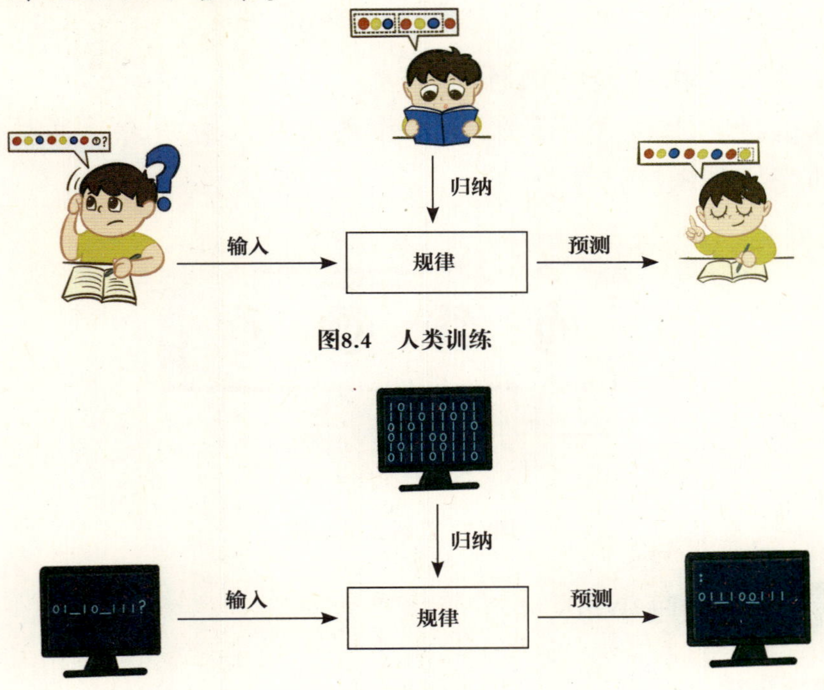

图8.4 人类训练

图8.5 机器训练

其实，机器理解的过程（图8.6）和我们人类认知的过程很类似。首先要输入数据（包括图像、声音等），在建立起模型后，让机器通过“训练”一一识别，当训练的数量足够多以后，程序就自动识别出新的数据了。

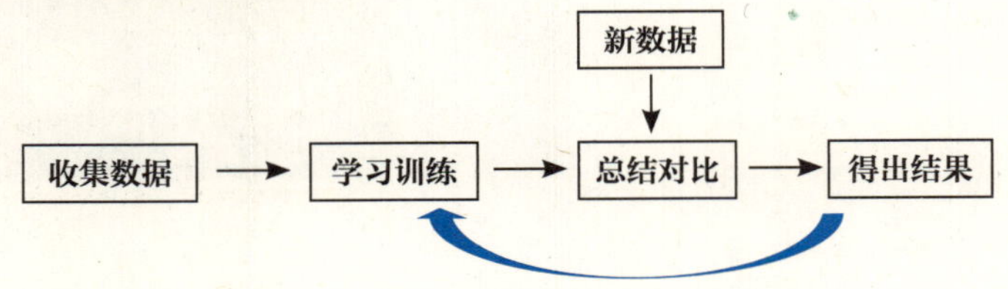

图8.6 机器理解的过程

实践体验

活动一：计算机能读懂我的字吗？

操作步骤：

①找出最近的作文作业，在老师的指导下将其中一页拍成照片。

②进入“在线文字识别”网站。

③选择“上传文件”，导入作文照片，看一看计算机能否读懂你的字（图8.7）。

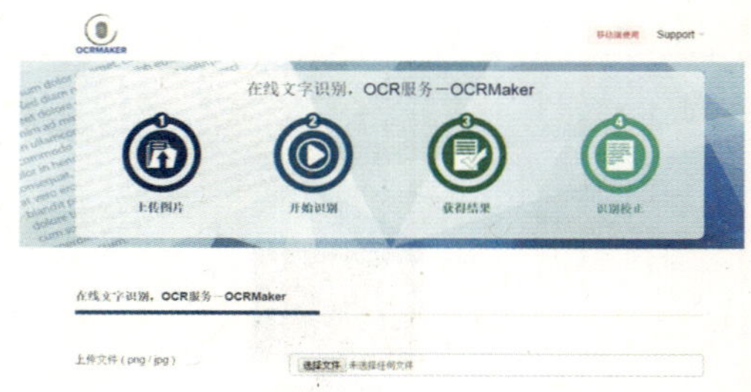

图8.7　在线文字识别

活动二：猜画小歌

操作步骤：

①在微信搜索栏中搜索小程序——猜画小歌（图8.8）。

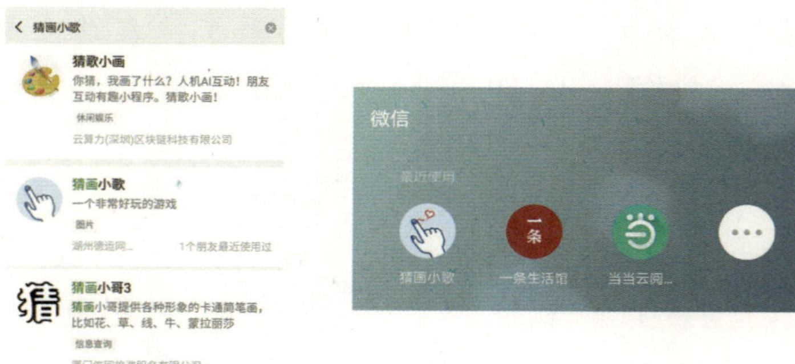

图8.8　猜画小歌

②打开猜画小歌小程序，选择“单人作画”模式（图8.9）。

图8.9　单人作画

③“小歌”出题我来画，画出图形“小歌”猜（图8.10）。

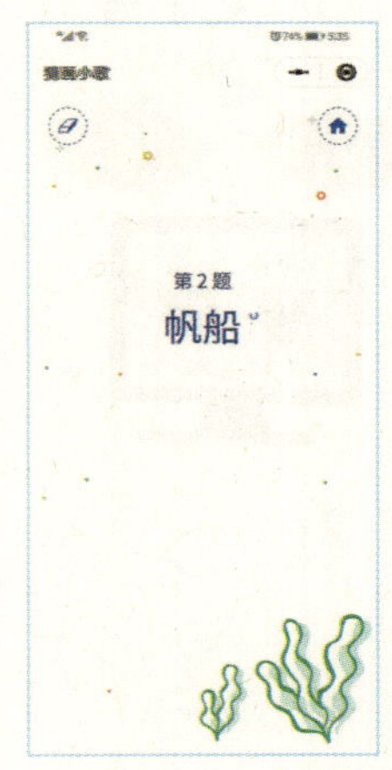

图8.10　小歌出题

④“小歌”偶尔猜不准，补充信息继续猜（图8.11）。

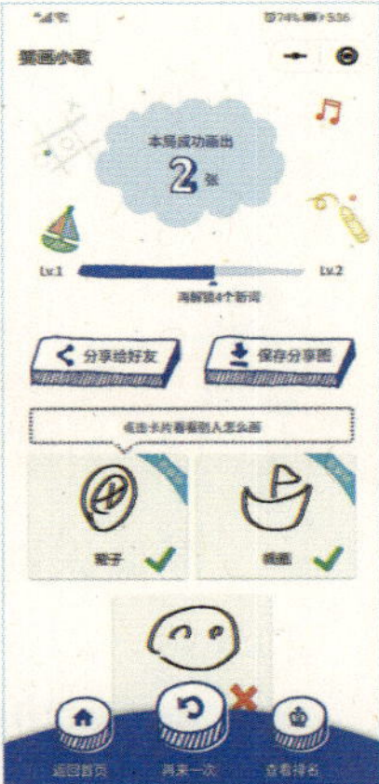

图8.11　小歌猜画

拓展应用

生活中还有哪些应用“机器理解”的实例？请你把它写在下面的横线上。

连一连

请把图片与其对应的文字进行连线。

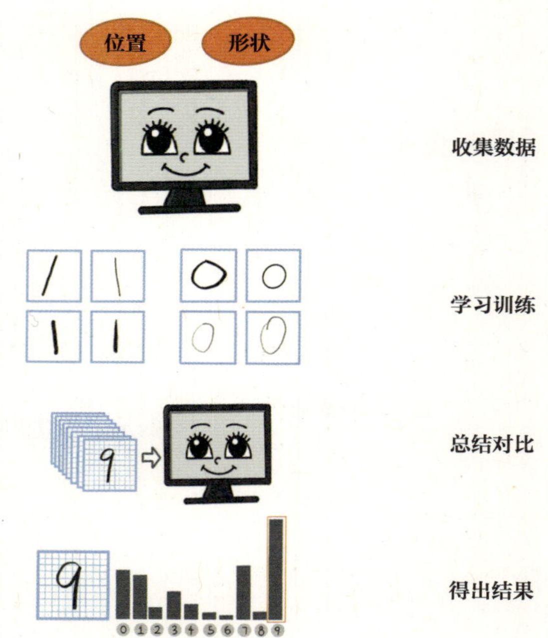

AI小知识

图像识别（image identification）指利用计算机对图像进行处理、分析和理解，以识别各种不同模式的目标和对象的技术。图像识别根据识别目标的不同，有很多具体的分类，包括文字识别、指纹识别、人脸识别等。

图像理解（image understanding）指计算机理解图像所表达的内容和含义。

第四单元 机器感知（Ⅰ）

同学们想一想，我们是如何感知世界的？人类可以通过视觉、听觉、触觉、嗅觉、味觉等感知世界，机器是如何感知外部世界的呢？

本单元我们将学习机器如何通过不同的传感器来感知外界信息。

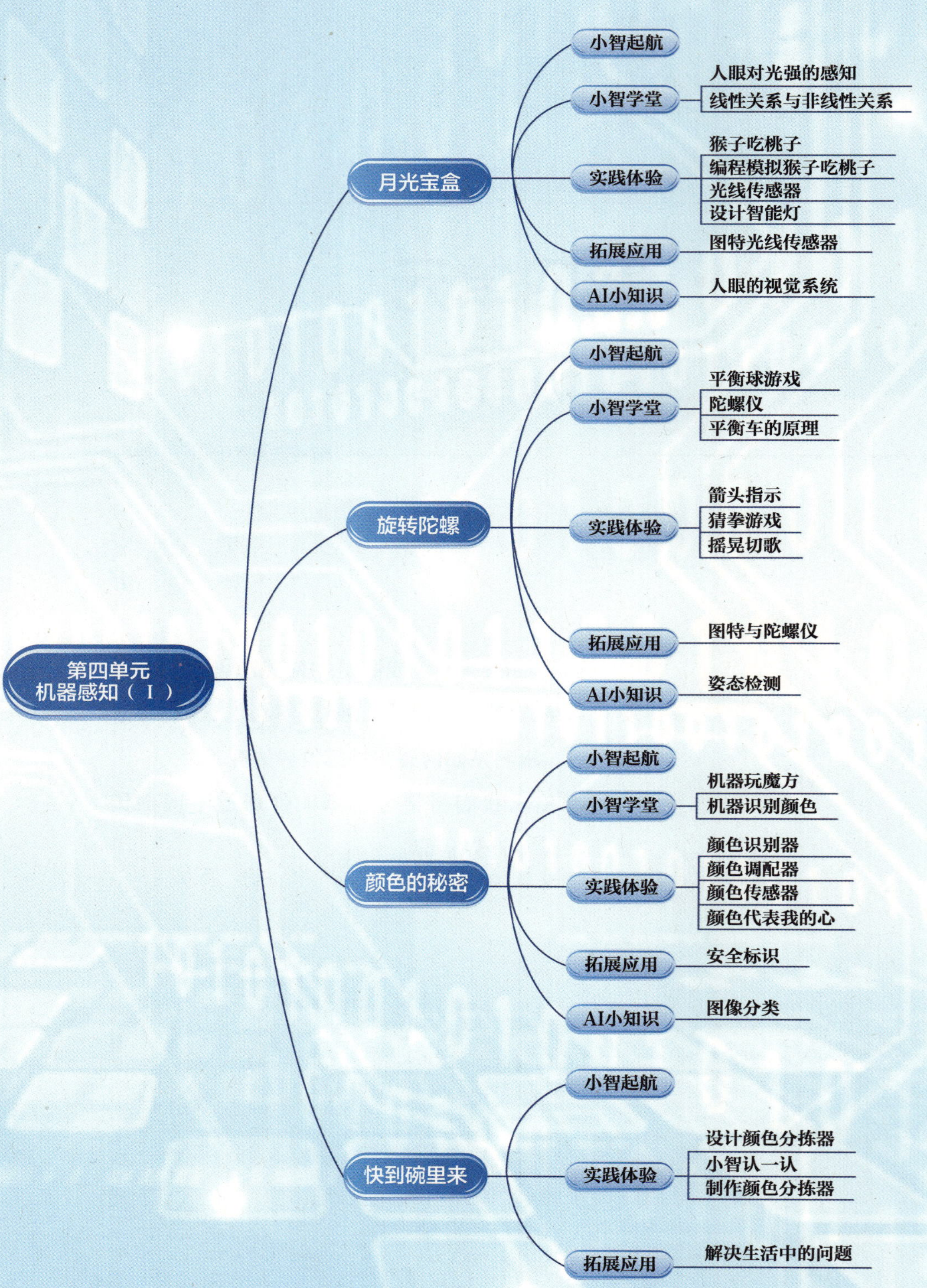
第四单元
机器感知（Ⅰ）
月光宝盒
小智起航
小智学堂
人眼对光强的感知
线性关系与非线性关系
实践体验
猴子吃桃子
编程模拟猴子吃桃子
光线传感器
设计智能灯
拓展应用
图特光线传感器
AI小知识
人眼的视觉系统
旋转陀螺
小智起航
小智学堂
平衡球游戏
陀螺仪
平衡车的原理
实践体验
箭头指示
猜拳游戏
摇晃切歌
拓展应用
图特与陀螺仪
AI小知识
姿态检测
颜色的秘密
小智起航
小智学堂
机器玩魔方
机器识别颜色
实践体验
颜色识别器
颜色调配器
颜色传感器
颜色代表我的心
拓展应用
安全标识
AI小知识
图像分类
快到碗里来
小智起航
实践体验
设计颜色分拣器
小智认一认
制作颜色分拣器
拓展应用
解决生活中的问题

第四单元知识结构图

9 月光宝盒

小智起航

了解眼睛对光强和亮度的感知原理。

认识光线传感器在生活中的应用。

利用光线传感器，通过编程制作月光宝盒。

知道线性关系和非线性关系。

白天拉上窗帘房间会很暗，这时将窗帘拉开一点，我们的眼睛对进来的强光会感到不适应。过一会儿眼睛的感觉会恢复正常，这时即便全部拉开窗帘眼睛也不会产生不舒服的感觉。你知道这是什么原因吗？

小智学堂

傍晚，我们在有灯光的室内向外看，感觉天已经暗了，可此时在室外的同伴感觉天还是亮的（图9.1），这是为什么呢？

图9.1 室内、室外视觉效果

答案是适应性！在室内我们的眼睛适应了灯光的亮度，突然瞥一眼窗外会因为不适应而感觉天色暗了，而一直在室外的同伴适应了自然光的逐渐变化，会感觉天还是亮的。

线性关系与非线性关系

在生活中常见的数量关系可以分为线性关系与非线性关系。

比如：1千克苹果10元，2千克苹果20元……依次类推，我们就可以说苹果的总价与总质量之间是线性关系。

但是，如果苹果促销，情况就不一样了，买1千克苹果10元，买2千克苹果打9折，18元，买3千克苹果打8折，24元……那么这个时候苹果价格与总质量之间就是非线性关系（图9.2）。

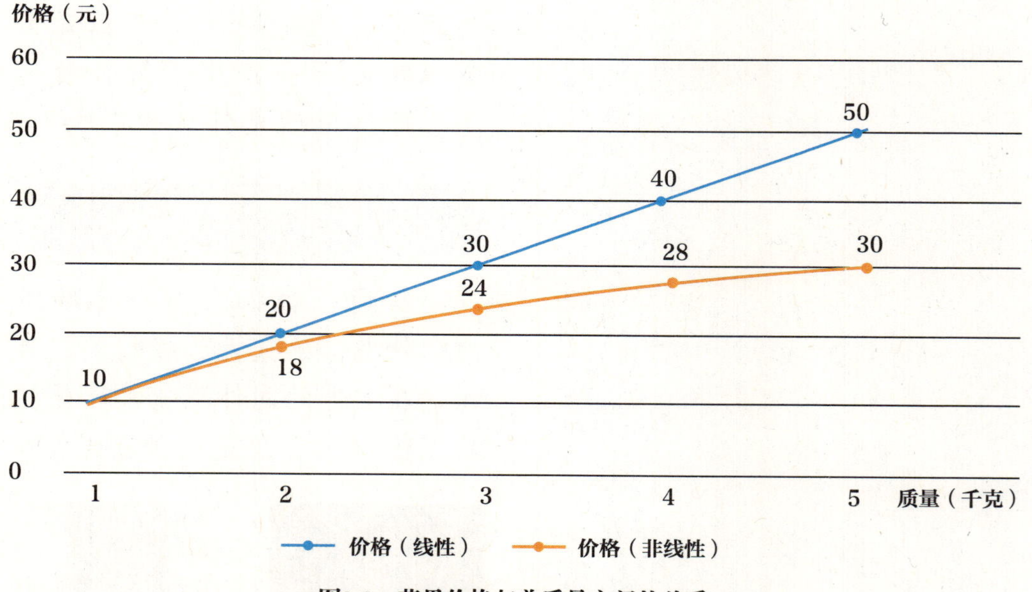

图9.2　苹果价格与总质量之间的关系

我们人的眼睛分辨物体细微结构的能力叫作视敏度，两只眼睛的视敏度是一只眼睛的几倍？通常人们容易想到的是2倍，如果是2倍，那么就是线性关系，可实际是6~10倍！这就是非线性关系。图9.3所示为环境亮度与人眼感知的亮度关系模拟图。

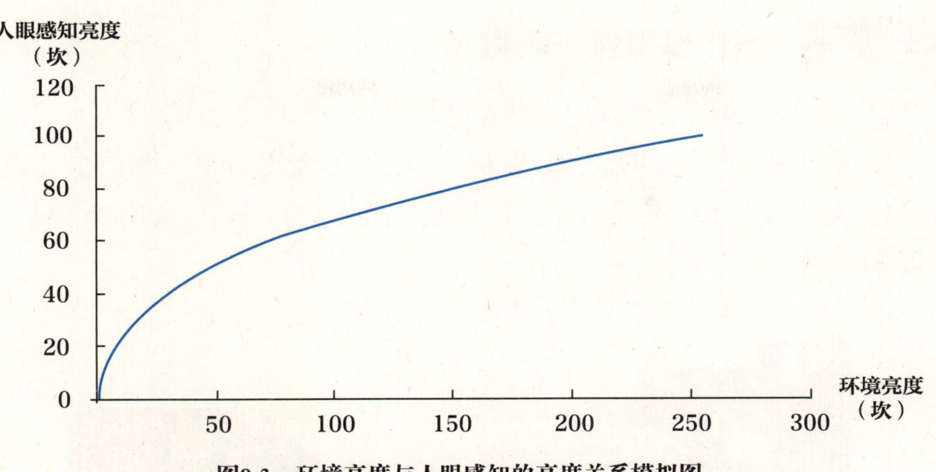

图9.3　环境亮度与人眼感知的亮度关系模拟图

实践体验

同学们现在一定对线性关系和非线性关系感到很好奇，下面我们就通过几个小活动，进一步了解它们之间的不同。

活动一：猴子吃桃子

三群猴子吃桃子，请你用描点的方法将表9.1中的数据记录到坐标系中（图9.4），并连接各个点。想一想：哪个猴群吃桃子的数量与天数是线性关系？

表9.1　三群猴子吃桃子数量统计表

	第1天	第2天	第3天	第4天	第5天
猴群A	1	2	3	4	5
猴群B	2	3	1	4	2
猴群C	3	3	3	3	3

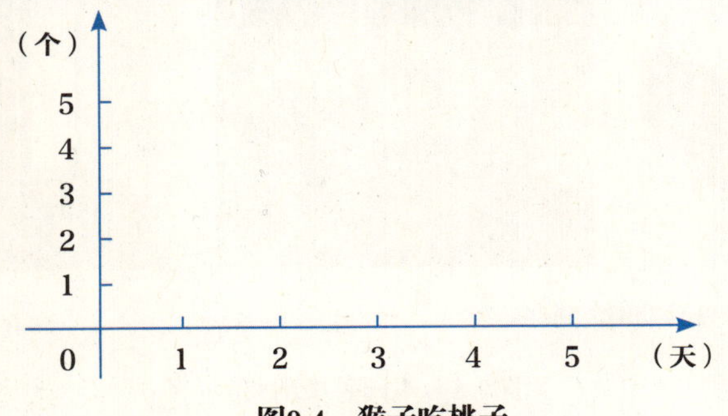

图9.4　猴子吃桃子

活动二：编程模拟猴子吃桃子

使用图特编程，模拟猴群A吃桃子的情况（图9.5）。

设置两个变量：桃子数量和天数，每次增加1，在LED上进行描点，左上第一个点是（0，0）点，横向为x轴，纵向为y轴，右下最后一个点是（5，5）。

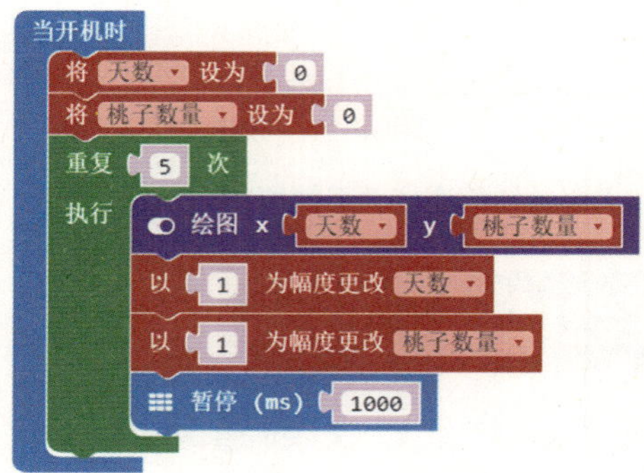

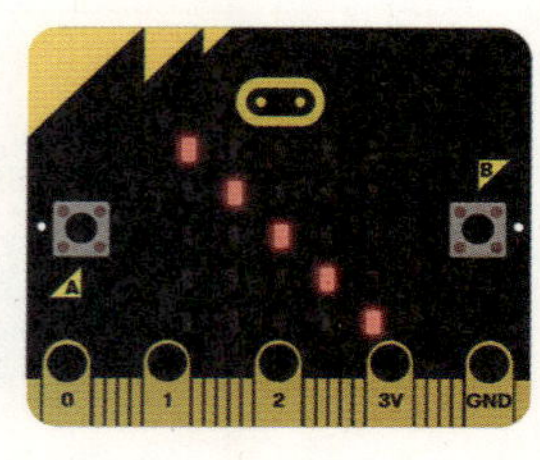

图9.5 模拟猴群A吃桃子

活动三：光线传感器

生活中的灯多种多样（图9.6），它们有什么不同之处？

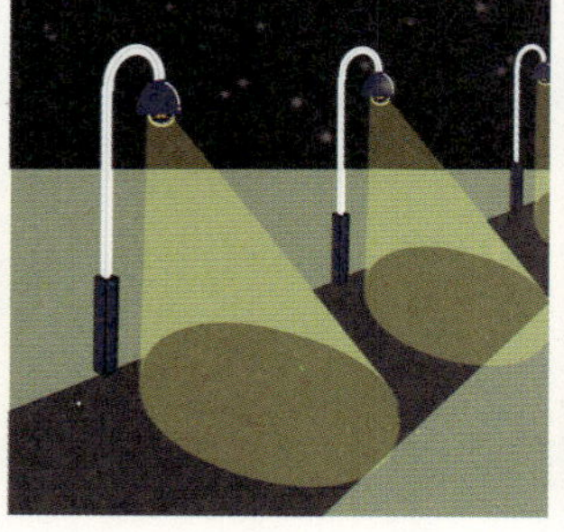

光线明暗控制灯

声音大小控制灯

图9.6 不同种类的灯

我们都知道在读书、写字的时候，光线的亮度与近视眼的发生有一定的关系。为了保护我们的眼睛，当光线变暗之后，有的灯可以自动打开，它们是怎么做到的呢？

这就需要使用光线传感器（light sensor）。它可以感应周围环境的变化。但是只能感受光的强弱，并不能形成图像，使用时要将感光元器件外露（图9.7）。

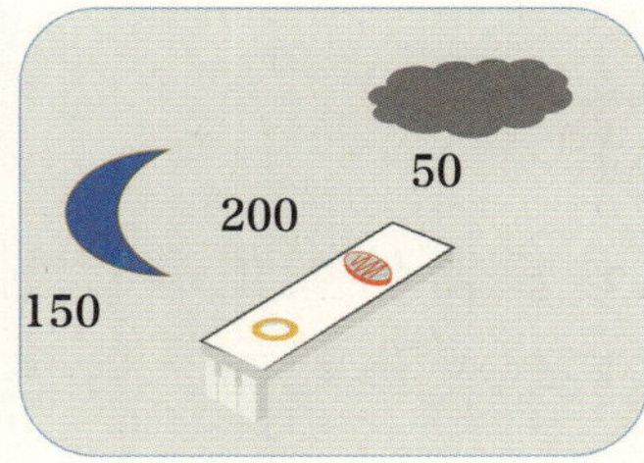

（单位：坎）

图9.7 光线传感器及使用场景模拟

想一想

生活中有哪些使用光线传感器的场景？除了图9.8中的例子你还能想到哪些？

光控玩具

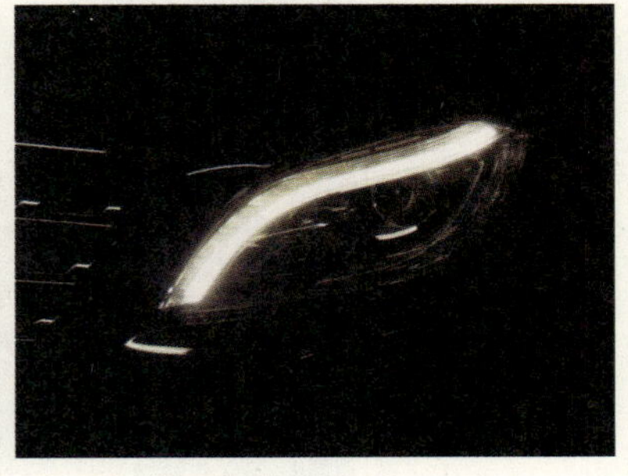

光感汽车大灯

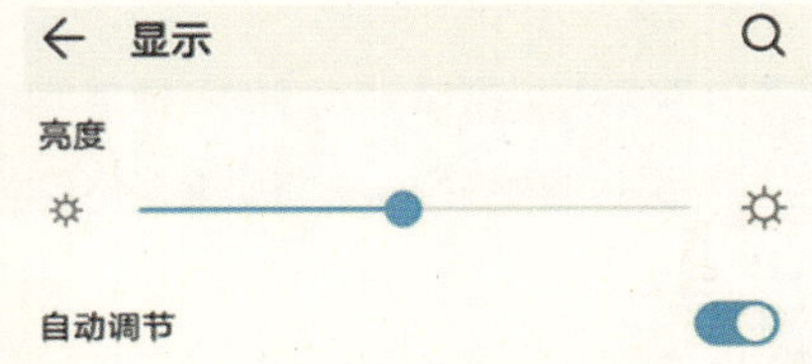

手机屏幕亮度自动调节

图9.8 几种光线传感器的应用场景

活动四：挑战任务

做一做

现在我们就使用光线传感器制作一个智能灯吧！

编写程序控制图特实现如下功能：天黑亮灯，光线越暗，灯光越亮（图9.9）。

想一想

光线传感器的数值和灯光亮度的数值是线性关系吗？

如何实现光线越暗，灯光越亮的功能？

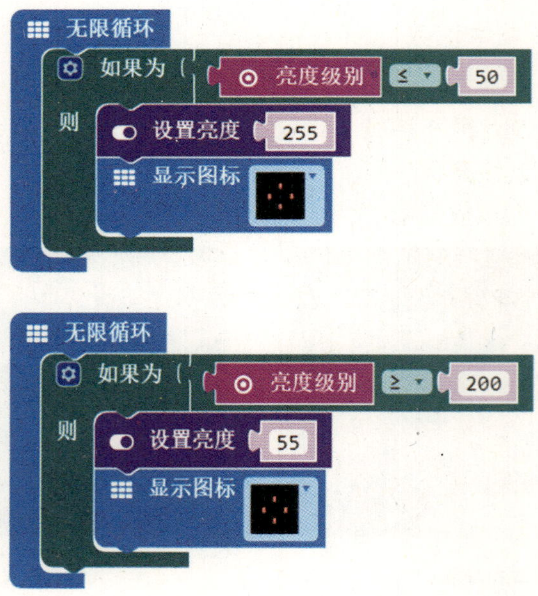

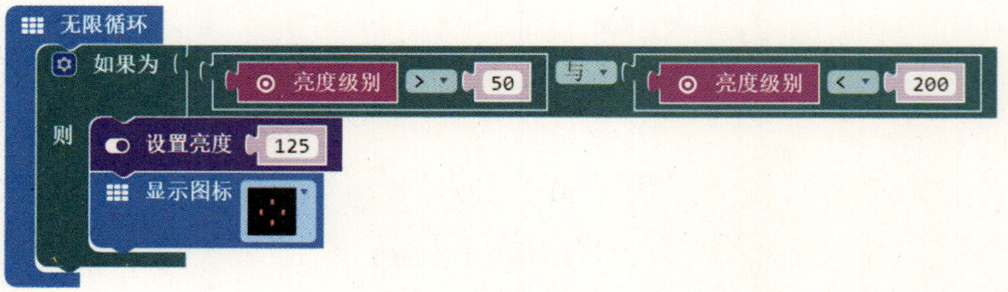

图9.9 参考程序

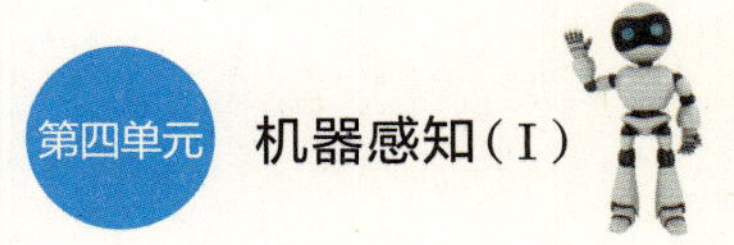

拓展应用

用手慢慢捂住图特或用手电筒照射图特上的光线传感器，观察LED灯的发光变化。

调整程序，实现天黑时图特显示搞怪图案的功能。

____

____

____

AI小知识

在很暗的环境中，我们的眼睛会失去感觉色彩的能力，仅仅能够辨别白色和灰色。

为什么我们在夜里不能辨别颜色呢？实际上，我们的视觉系统有两套并行的感光机制，光线充足时使用的是视锥细胞（cone cell），它对颜色敏感而对光不敏感，可以辨别各种颜色。而随着光线水平的降低，视锥细胞逐渐失去作用，此时视杆细胞（rod cell）发挥作用，它可以捕捉很微弱的光，但是没法辨别颜色。

10 旋转陀螺

小智起航

- 初步了解定向、姿态检测的含义和陀螺仪的感知原理。
- 了解陀螺仪在生活中的应用。
- 利用陀螺仪，通过编程完成小任务。

在日常生活中，手机、智能手环、四轴飞行器和平衡车等都用到了陀螺仪。什么是陀螺仪？它在这些工具中起到什么作用？

小智学堂

我们在走独木桥的时候，桥面越窄我们越站不稳。我们如何让自己保持平衡不掉下去？

让我们来就一个平衡球游戏（图10.1）准备好一个纸盒盖和一个玻璃球（或钢珠）。在纸盒盖的中间位置画一个圆。

图10.1　纸板平衡球游戏

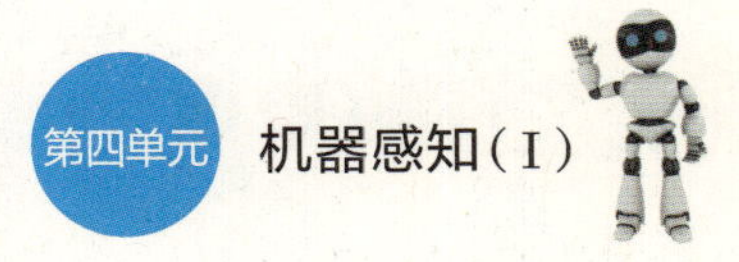

平衡球游戏

双手托住纸板，尽量保持水平，将玻璃球放到圆圈的中间位置。

调节纸板，不能让玻璃球滚出圆圈，如果滚出圆圈则挑战失败。

挑战的过程中要仔细观察操作同学的手部调节动作。

游戏结束后说一说玩平衡球的感受。

用手机（或平板电脑）玩平衡球游戏（图10.2）。

进入最初始的挑战模式，再找几位同学试一试如何让球从起点滚到终点，其他同学仔细观察操作同学手部调节动作。

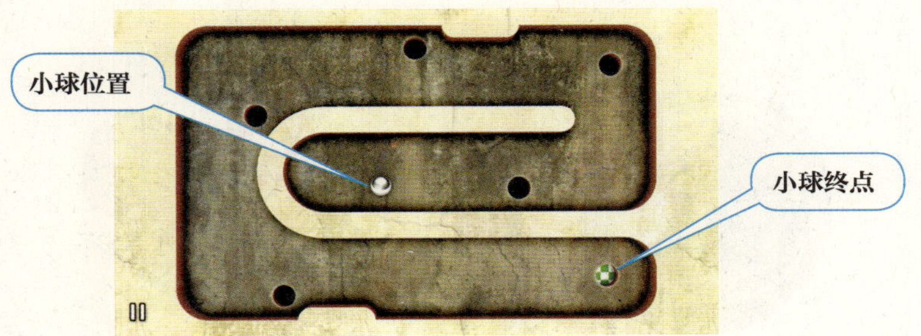

图10.2　手机平衡球游戏

虽然两个游戏用的道具完全不一样，但是调节平衡的方式类似。思考一下：手机中的钢球如何判断应该向哪儿运动？

实际上，手机里的钢球是虚拟的，因为手机中有陀螺仪（图10.3），有了它就可以高速计算手机向哪个方向倾斜和倾斜的角度，并且控制虚拟的钢球向哪个方向以多快的速度滚动。

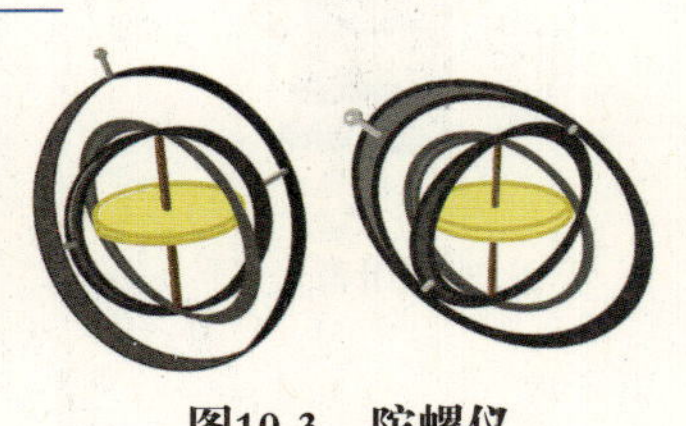

图10.3　陀螺仪

想一想

图10.4与图10.5所示分别为双轮平衡车及平衡车操作示意。思考一下：平衡车是如何使用陀螺仪进行工作的呢？

图10.4 双轮平衡车

图10.5 平衡车操作示意

我们来看一看平衡车的工作原理（图10.6）。

独轮车车轮

执行器

使用者

姿态传感器（陀螺仪）

控制器（智能芯片）

图10.6 平衡车工作原理

实践体验

同学们知道图10.7中的这些仪表盘都有什么作用，能帮助我们解决什么问题吗？

图10.7 不同种类的仪表盘

活动一：箭头指示

图10.8所示为图特上的陀螺仪，下面我们就来根据陀螺仪的特性，完成一些有趣的操作吧。

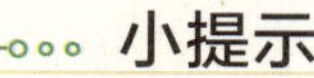

小提示

陀螺仪只能测x、y、z三个轴的旋转量，不能测出位移量。

图10.8 图特上的陀螺仪

使用图特编写程序（图10.9），当向上、下、左、右四个方向倾斜的时候，分别出现指示箭头，晃动板子清屏。

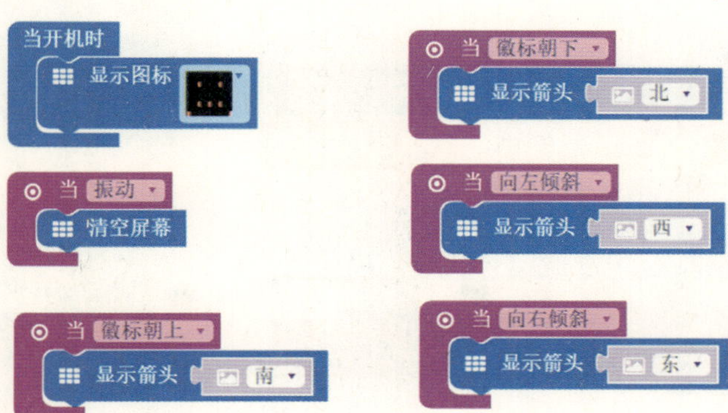

图10.9 箭头指示参考程序

活动二：猜拳游戏

使用图特编写程序（图10.10），开机出现笑脸，摇动图特随机出现石头、剪刀、布的图案，两个同学可以一起玩，看谁赢的次数多。

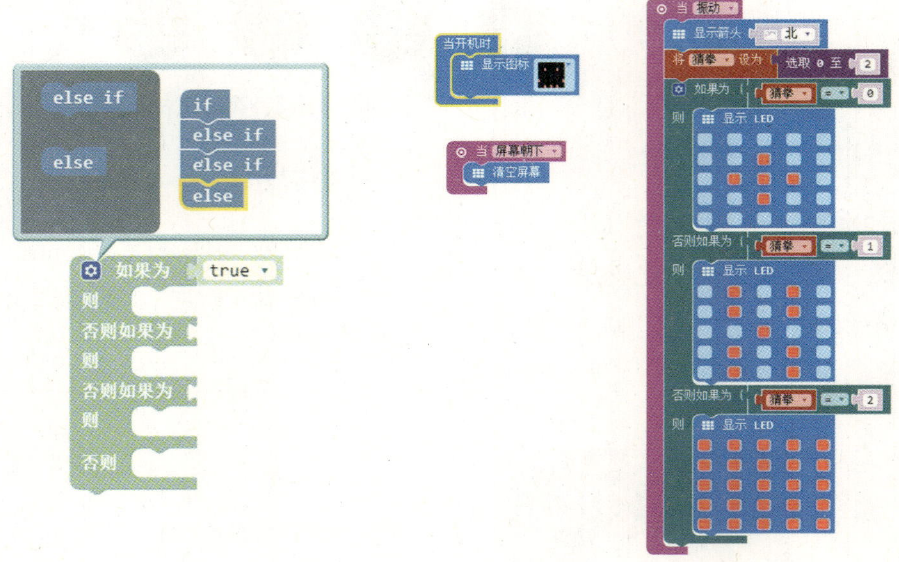

图10.10　猜拳游戏参考程序

活动三：摇晃切歌

使用图特编写程序（图10.11）摇晃图特，实现切歌功能。

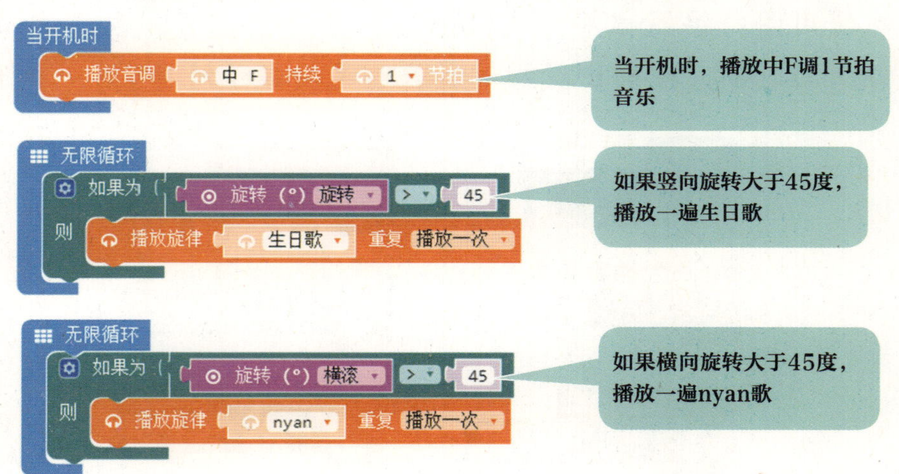

图10.11　摇晃切歌参考程序

拓展应用

编写程序，控制图特LED屏上的小红点随着图特的倾斜滚动。

AI小知识

姿态检测（attitude detection）指通过姿态检测仪器测量出被测物体绕特定轴转动的角速度。常见的姿态检测仪器包括陀螺仪、加速度计、电子罗盘等。

可以测量绕三个轴旋转角度的陀螺仪称为三轴陀螺仪。陀螺仪除在我们日常生活中的手机、电动平衡车上应用外，还被广泛地应用在航空、航天和航海等领域。

颜色的秘密

小智起航

- 了解机器感知颜色的原理。
- 知道颜色传感器的原理及应用。
- 通过编程制作颜色识别器。

人工智能机器是如何对颜色进行分类的？或许用以前学过的知识再结合下面的内容，我们就能了解它们的工作原理。

小智学堂

同学们，想一想：我们平时都是怎么玩儿魔方（图11.1）的呢？

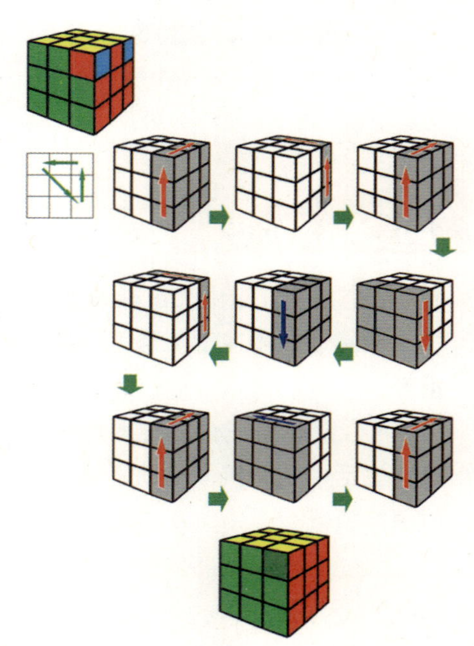

图11.1 魔方玩法

有一种具有人工智能的机器可以将打乱的魔方复原，这个机器需要具备什么能力呢？图11.2所示为机器玩魔方过程。

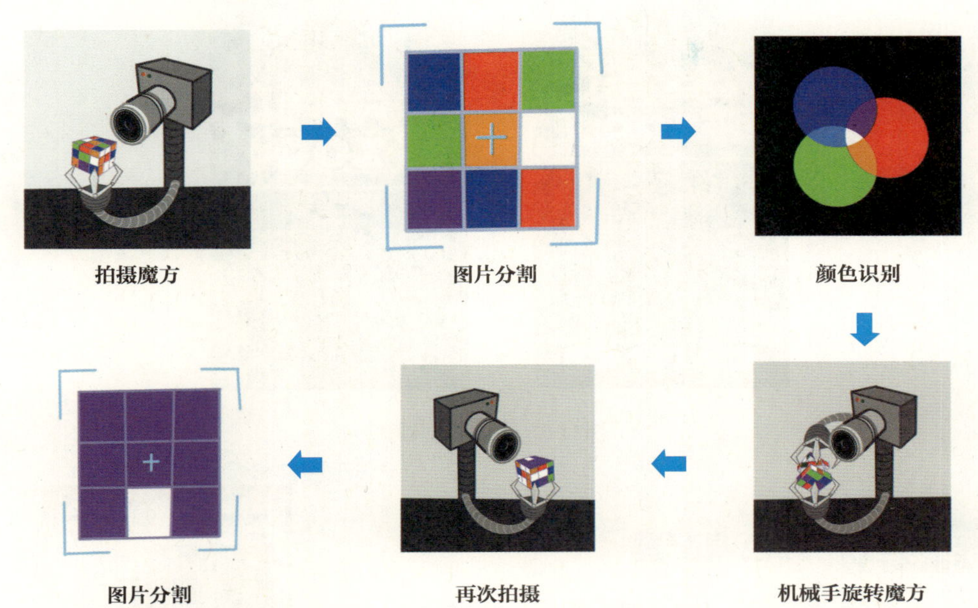

图11.2 机器玩魔方过程

机器能够识别的只有红色、绿色、蓝色。通过检测三种光强度的具体数值，可以识别出其他颜色。

实践体验

活动一：颜色识别器

打开软件，随机触摸屏幕上不同位置的颜色，它是根据什么来识别颜色的？

打开识别颜色并进行实时识别，识别桌面上的任意物体，观察其能否识别出颜色。

使用颜色卡进行颜色识别（图11.3），观察识别是否正确。

图11.3　颜色识别器

活动二：颜色调配器

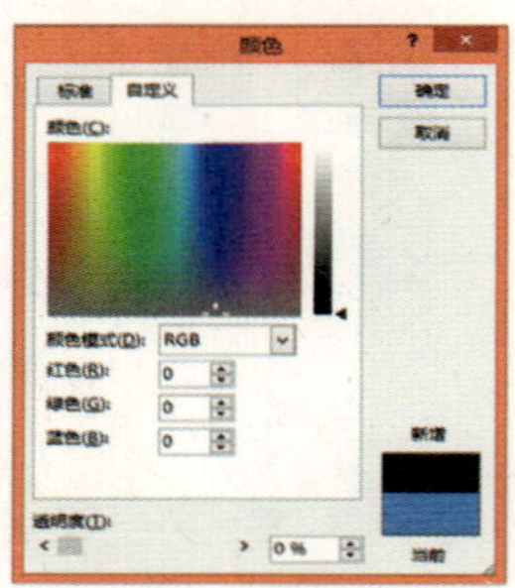

图11.4　颜色调配器

使用颜色调配器（图11.4）中的RGB（红色、绿色、蓝色）三色生成各种颜色，RGB三色数值的范围是0～255。

拖动白色十字选取不同颜色，观察红色、绿色、蓝色数值的变化情况。

红色、绿色、蓝色的数值都是0的时候是什么颜色？都是255的时候又是什么颜色？

如果想要显示出黄色应该如何设置数值？想要显示紫色又应该如何设置？

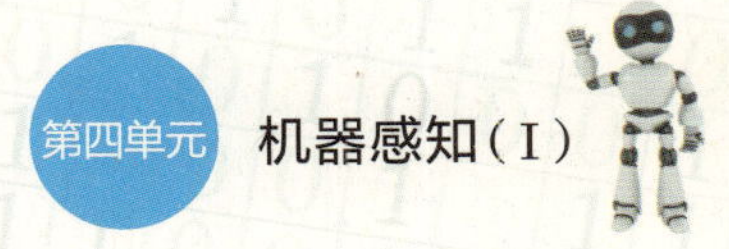

活动三：颜色传感器

TCS34725是一款RGB全彩颜色传感器（图11.5），该传感器可通过光学感应来识别物体的表面颜色。

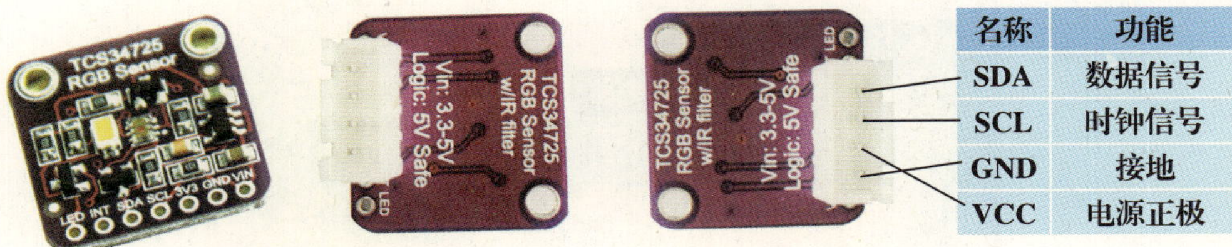

名称	功能
SDA	数据信号
SCL	时钟信号
GND	接地
VCC	电源正极

图11.5　TCS34725颜色传感器

使用拓展板和颜色传感器（图11.6）识别各种颜色，并显示红色、绿色、蓝色的强度数值。

图11.6　拓展板与颜色传感器连线示意图

小提示

机器识别到的只有红色、绿色、蓝色，通过检测三种光的强度数值，识别出颜色种类，可使用显示数字模块（图11.7）将检测到的数值显示出来。

```
当按钮 A 被按下时
    初始化颜色传感器
    从传感器读取原始颜色值
    显示字符串 "R"
    显示数字 计算红色值
    显示字符串 "G"
    显示数字 计算绿色值
    显示字符串 "B"
    显示数字 计算蓝色值
```

图11.7　显示数字模块

活动四：颜色代表我的心

编写程序（图11.8），根据识别出的不同颜色，播放带有不同情绪的音乐。

```
当按钮 A 被按下时
    初始化颜色传感器
    从传感器读取原始颜色值
    如果为 ( 计算红色值 > 120 )
    则 播放旋律 dadadum 重复 播放一次
    否则如果为 ( 计算绿色值 > 120 )
    则 播放旋律 jump up 重复 播放一次
    否则如果为 ( 计算蓝色值 > 120 )
    则 播放旋律 ode 重复 播放一次
```

图11.8 参考程序

拓展应用

同学们在生活中有没有见过类似图11.9中的安全标识呢？想一想：它们的颜色有什么特点？为什么？

图11.9 安全标识

我们的眼睛对不同颜色可见光的反应灵敏度是不同的，对黄色、绿色光最敏感，对红色、蓝紫色光不敏感。

我们经常在公共场所见到表示安全信息的颜色，如红色表示禁止和停止、黄色表示警告和注意、绿色表示安全信息、蓝色表示需要遵守的指令。

请写出在哪些场所能见到下面几种颜色的标志，以及其代表的含义。比一比谁想到的最多。

AI小知识

图像分类（image classification）是根据在图像信息中所反映的不同特征，把不同类别的目标区分开来的图像处理方法。它利用计算机对图像进行定量分析，把图像或图像中的每个像元或区域划归为若干个类别中的某一种，以代替人的视觉判断。

12 快到碗里来

小智起航

◎结合本册的学习内容，进行综合实践。

◎使用图特、拓展板及颜色传感器等制作颜色分拣系统。

本册的课程即将结束了，同学们都有什么收获？我们不仅学习了很多人工智能的知识点，还掌握了图特的使用及塔洛斯编程软件的应用。

实践体验

我们通过综合实践来回顾一下本学期的知识吧！

活动一：设计颜色分拣器

有一个药品的生产线，生产出不同颜色的药片（图12.1），药片是混合在一起的，现在需要按照药片的颜色分类存放，需要同学们帮忙设计一个颜色分拣器。应该如何设计呢？

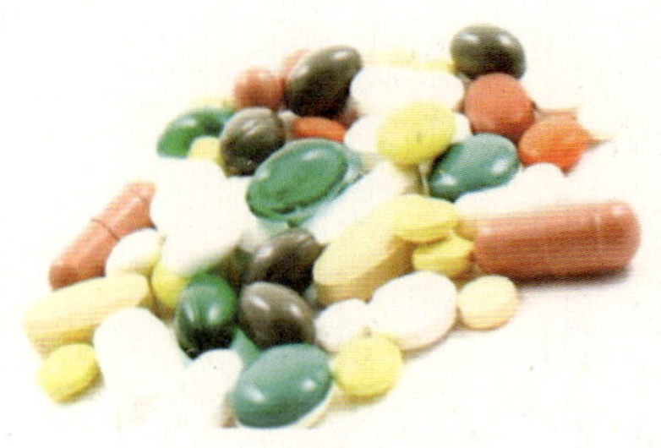

图12.1　不同颜色的药片

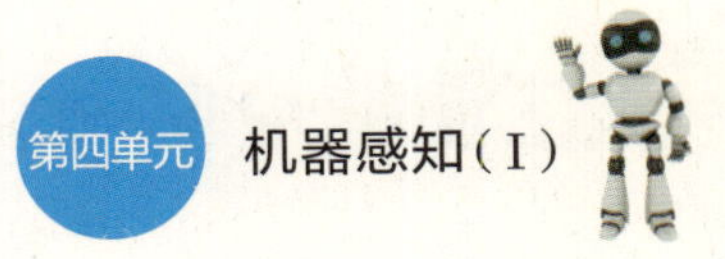

设计目标： 有黑色、白色、黄色三种颜色的药片，要求我们的颜色分拣器把三种颜色的药片检测出来并放进指定的容器中。

活动二：小智认一认

如果把人类和机器进行比较（图12.2），人与机器有哪些功能相似之处呢？

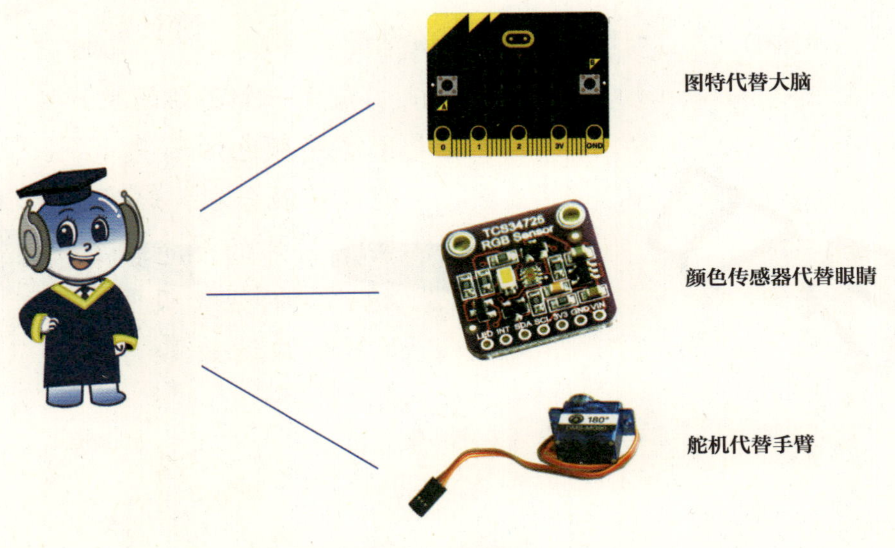

图12.2 人机类比

我们可以把图特看作人的大脑，颜色传感器相当于人的眼睛，而人的行动则是类似舵机所进行的控制。

既然我们要设计一个颜色分拣器，那除了图特、颜色传感器、舵机，还需要什么？所需硬件如图12.3所示。

拓展板

连接线

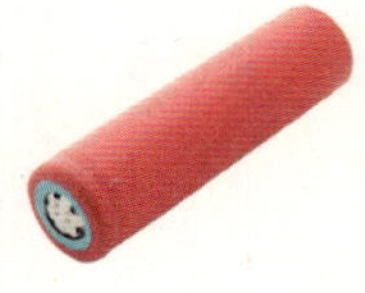

电池

尼龙铆钉

螺丝

底座

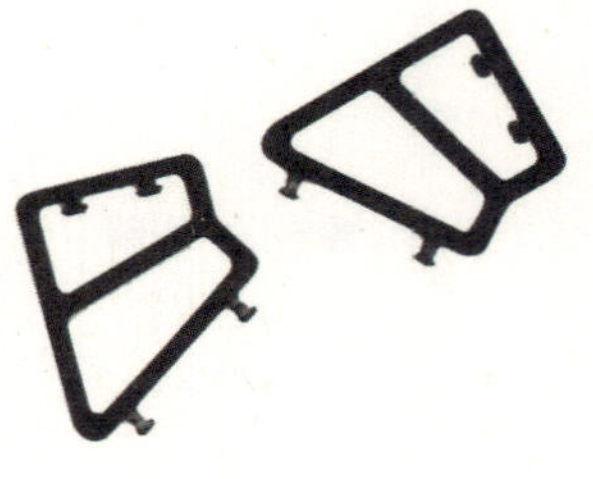

支架

转动盘

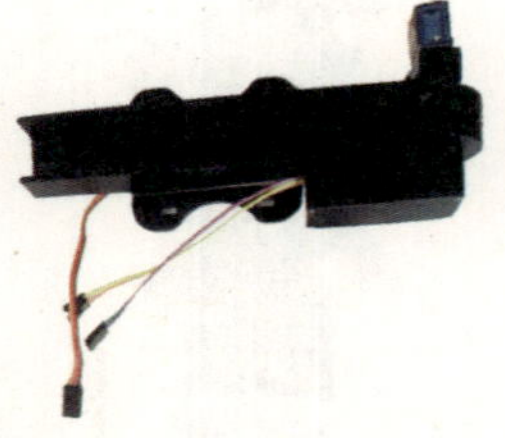

滑道

图12.3　硬件

具体硬件名称及数量如表12.1所示。

表12.1 所需硬件名称及数量对照表

名称	数量	名称	数量
图特	1	底座+底盘	1
拓展板	1	尼龙铆钉	12
颜色传感器	1	转动盘	1
舵机	2	滑道	1
电池	1	支架	2
连接线	3	螺丝	1

活动三：制作颜色分拣器

认识了不同的硬件及外部结构，下面就来一步步制作颜色分拣器吧！

操作步骤：

①拿出底座，底座下面已经固定好一个舵机，将舵机的连接线穿过转动盘上面的长方形孔，并把转动盘的圆孔和底座的突出处连接，如图12.4所示。

②取出螺丝，使用螺丝刀把底座和转动盘通过螺丝固定。

③拿出2个支架和4个尼龙铆钉，将支架平底朝下，突出朝外，用尼龙铆钉固定在转动盘前端，如图12.5所示。

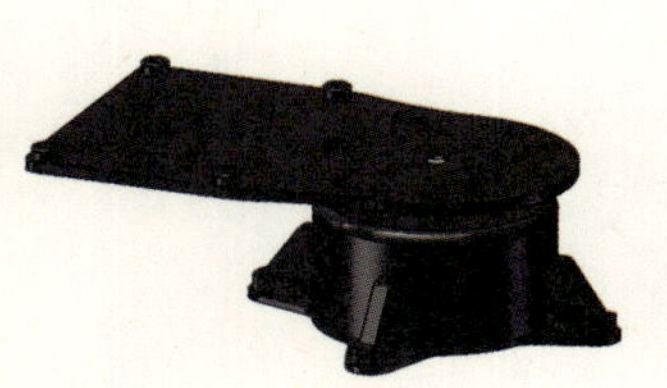

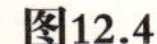

图12.4

图12.5

④取出滑道，滑道侧面已经固定好一个舵机，将舵机的连接线插入滑道后面的凹槽内，如图12.6所示。

⑤取出4个尼龙铆钉，将滑道用尼龙铆钉固定在支架上，带有舵机的一侧朝下。

⑥取出拓展板、图特、电池，将电池和图特插入相应的位置，如图12.7所示。

图12.6

图12.7

⑦再次取出4个尼龙铆钉，将拓展板用尼龙铆钉固定在转动盘的后端。

⑧将两个舵机的连接线分别插到拓展板的P端口（可从P0、P1、P2、P8、P12、P13、P14、P15任选2个），这里底座的舵机选择的是P14，滑道的舵机选择的是P15。

⑨使用连接线连接颜色传感器和拓展板，颜色传感器位于滑道上与舵机相对的一侧，对应关系如下：

底座舵机	拓展板P14
滑道舵机	拓展板P15
颜色传感器	拓展板I2C

⑩将搭建好的颜色分拣器放在底盘上，仔细观察底盘，想一想底盘的功能是什么。

提示：底盘下是橡胶垫，能加大摩擦力，避免颜色分拣器在工作过程中被舵机带动。

⑪下载程序（图12.8～图12.10），将程序下载到图特中，观察颜色分拣器是否能够正常工作。

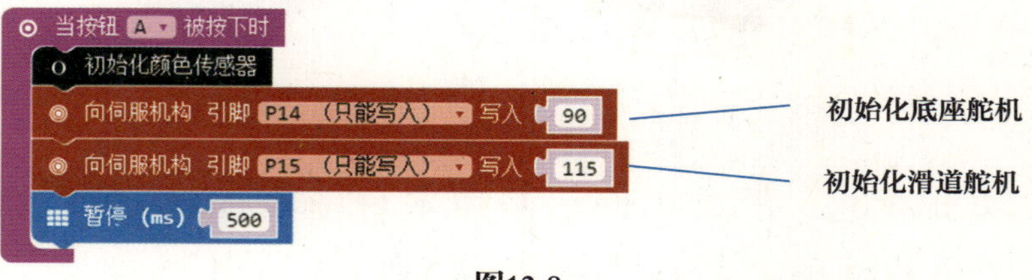

图12.8

函数 GetRGB
从传感器读取原始颜色值
将 R 设为 计算红色值
将 G 设为 计算绿色值
将 B 设为 计算蓝色值
将 Power 设为 R + G + B
如果为 R × 100 ÷ Power ≥ 33
则 将 Power R 设为 1
否则 将 Power R 设为 0
如果为 G × 100 ÷ Power ≥ 33
则 将 Power G 设为 1
否则 将 Power G 设为 0
如果为 B × 100 ÷ Power ≥ 33
则 将 Power B 设为 1
否则 将 Power B 设为 0
通过颜色传感器获取颜色值
计算不同颜色值在总颜色值中的占比，若大于等于33，则为该色

图12.9

无限循环
如果为 Power R = 1 与 Power G = 0 与 Power B = 0
则 向伺服机构 引脚 P14（只能写入） 写入 30
如果为 Power R = 1 与 Power G = 1 与 Power B = 0
则 向伺服机构 引脚 P14（只能写入） 写入 90
如果为 Power R = 0 与 Power G = 1 与 Power B = 1
则 向伺服机构 引脚 P14（只能写入） 写入 150
暂停（ms） 1000
向伺服机构 引脚 P15（只能写入） 写入 0
暂停（ms） 500
向伺服机构 引脚 P15（只能写入） 写入 115
暂停（ms） 1000
当检测为红色时，底座舵机转动到30度
当检测为黄色时，底座舵机转动到90度
当检测为蓝色时，底座舵机转动到150度
复原滑道舵机

图12.10

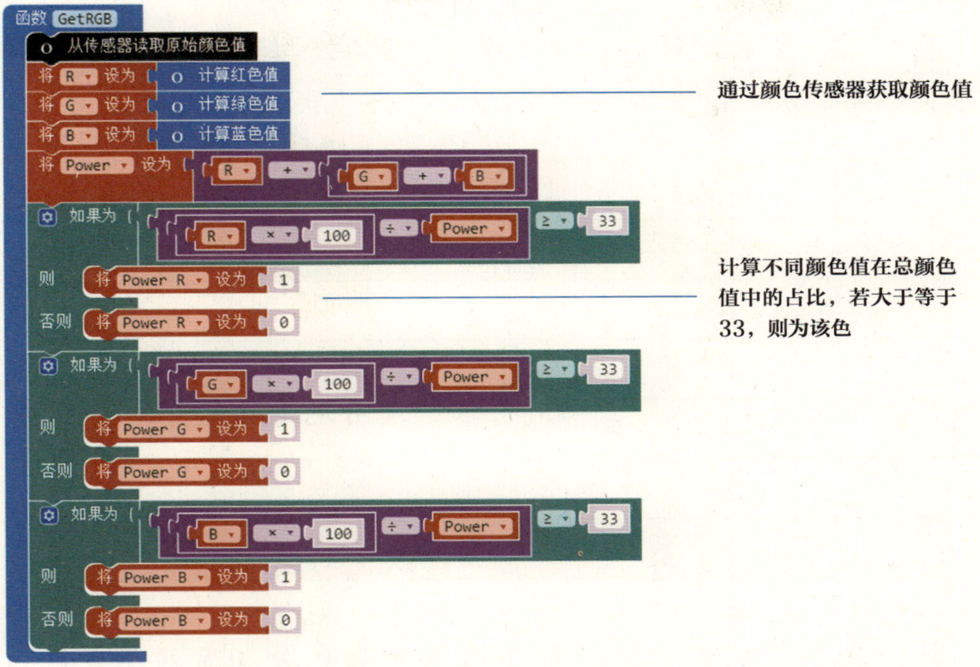

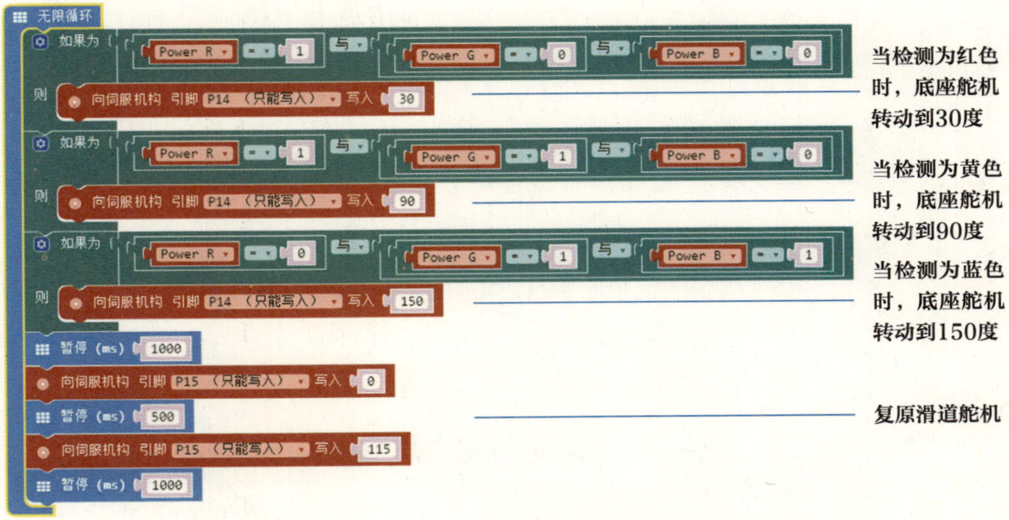

拓展应用

想一想，颜色分拣器还能实现什么功能？在日常生活中能解决哪些问题？

结合我们学到的知识，能不能拓展颜色分拣器的功能？

新一代人工智能基础教育与科普丛书

小学人工智能基础

（下册）

秦建军　马福贵　郭艳玫　主编

科学普及出版社
·北 京·

图书在版编目（CIP）数据

小学人工智能基础. 下册/秦建军，马福贵，郭艳玫主编. —北京：科学普及出版社，2019.8
ISBN 978-7-110-09975-9

Ⅰ.①小… Ⅱ.①秦… ②马… ③郭… Ⅲ.①人工智能—少儿读物 Ⅳ.①TP18-49

中国版本图书馆CIP数据核字（2019）第140300号

目录

CONTENTS

第一单元 数据

数据是新一代人工智能技术的“燃料”。经典人工智能技术中知识的来源主要是专家经验，而从数据中获取和学习知识推动了新一代人工智能技术的迅猛发展和实用化转化。利用大数据技术可以更好地对人工智能模型进行训练，使智能系统达到更高级的水平。

在上册中，我们提到过数据的概念，并简单介绍了数据、信息与知识之间的关系，那么究竟什么是数据？我们又该如何获取数据、存储数据、分析数据，并最终利用数据之间呈现的规律获得知识，解决问题呢？让我们和小智一起来了解数据吧！

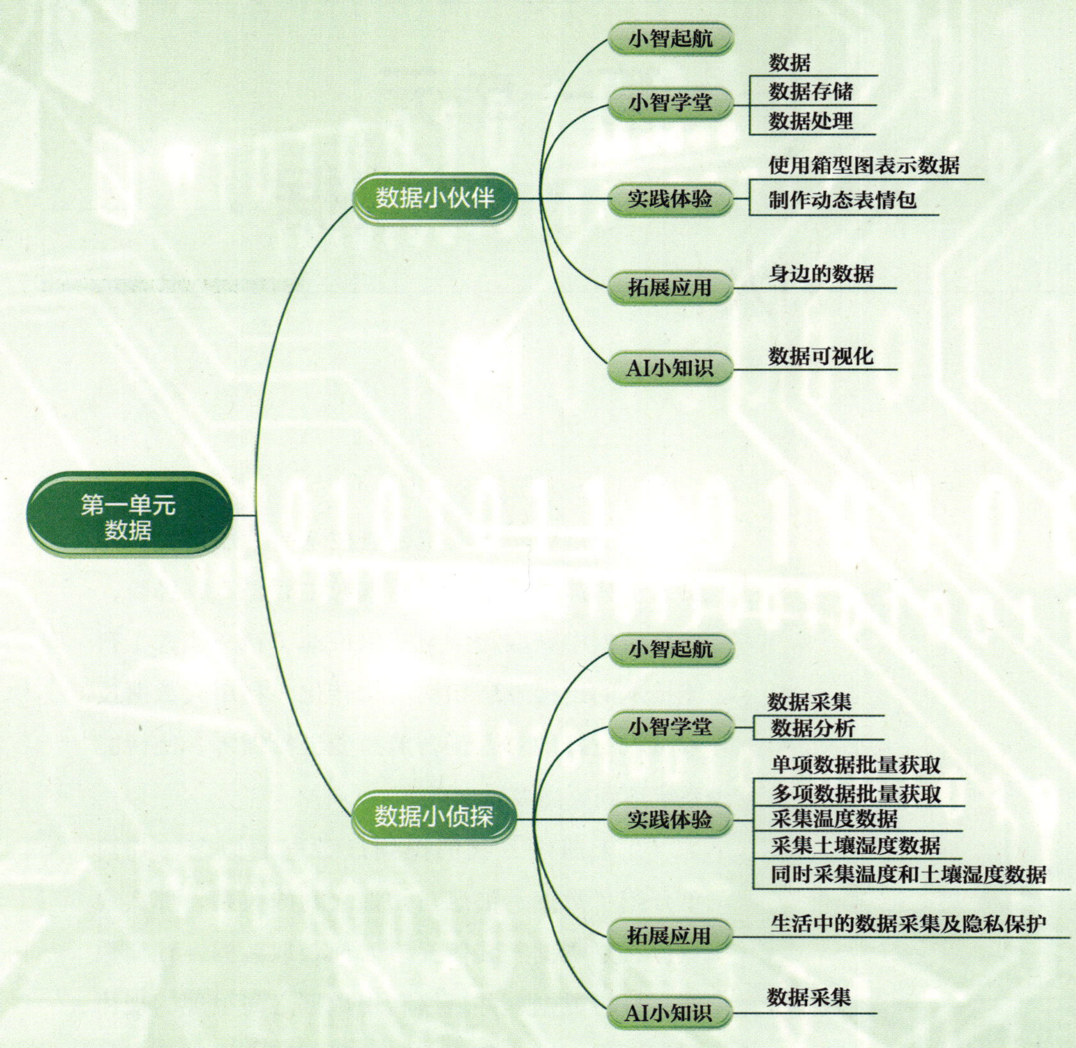

第一单元
数据
数据小伙伴
小智起航
小智学堂
数据
数据存储
数据处理
实践体验
使用箱型图表示数据
制作动态表情包
拓展应用
身边的数据
AI小知识
数据可视化
数据小侦探
小智起航
小智学堂
数据采集
数据分析
实践体验
单项数据批量获取
多项数据批量获取
采集温度数据
采集土壤湿度数据
同时采集温度和土壤湿度数据
拓展应用
生活中的数据采集及隐私保护
AI小知识
数据采集

第一单元知识结构图

1 数据小伙伴

小智起航

认识身边的数据，了解数据的存储及可视化表达。

尝试使用思维导图、箱型图表达数据。

使用图特表示不同数据，体验数据从产生到处理、存储的过程。

相信同学们都参加过体质测试，还记得最近一次测量出的身高、体重、肺活量、50米跑的数值吗？数据在我们身边无处不在，今天，我们就来学习和数据有关的内容。

小智学堂

在计算环境中，数据就是各种各样的数码信息，是通过观察、实验或计算得出的结果。数据有很多种，最简单的是数字。数据也可以是文字、图像、声音等（图1.1至图1.3）。

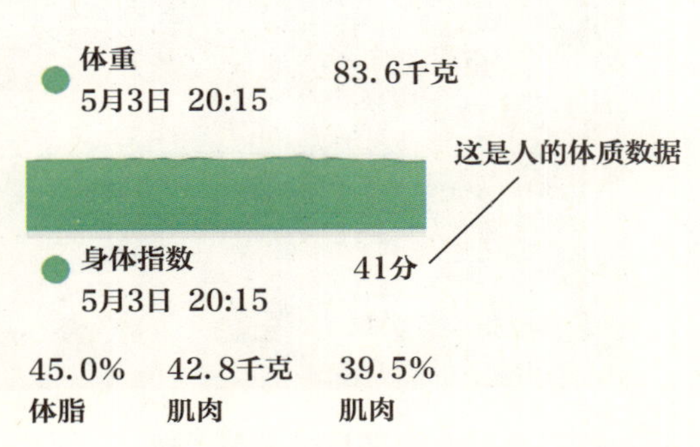

图1.1 数字类型的数据

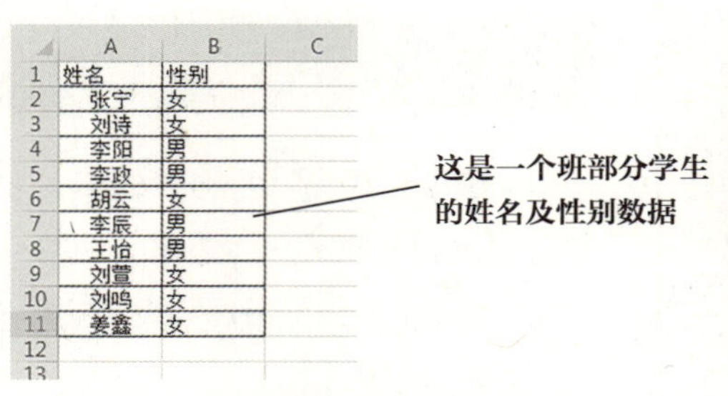

	A	B	C
1	姓名	性别	
2	张宁	女	
3	刘诗	女	
4	李阳	男	
5	李政	男	
6	胡云	女	
7	李辰	男	
8	王怡	男	
9	刘萱	女	
10	刘鸣	女	
11	姜鑫	女	
12			
13			

图1.2　文字类型的数据

图1.3　图像类型的数据

数据和我们的生活息息相关，我们用互联网搜索相关信息，用社交软件与他人联系，创建电脑文件等，都会产生很多数据。大量的数据及时存储起来，就可以对它们进行分析，从而得到更多有用的信息。存储方法有本地存储（图1.4）和云端存储（图1.5）两种。

图1.4　本地存储

图1.5　云端存储

根据对一个人一段时间内体质数据的监测，可以大致了解他现阶段的体质情况，并出具一份量身定制的运动建议和营养计划。

根据妈妈在购物网站上浏览时间、下单情况的数据记录，人工智能可以了解到她的购物习惯，为她推荐可能感兴趣的商品。

图1.6　智慧交通

根据对某个路口不同时间、时段车流量、人流量数据的监测，可以对比分析出一周、一月乃至一年中这里早高峰、晚高峰的具体时间和车流、人流情况，进而对交通信号灯进行不同的设置，初步达到“智慧交通”（图1.6）的目的。

实践体验

活动一：使用箱型图表示数据

我们把形状像箱子一样表示数据大小、平均值和中位数等特点的图称为箱型图（图1.7）。

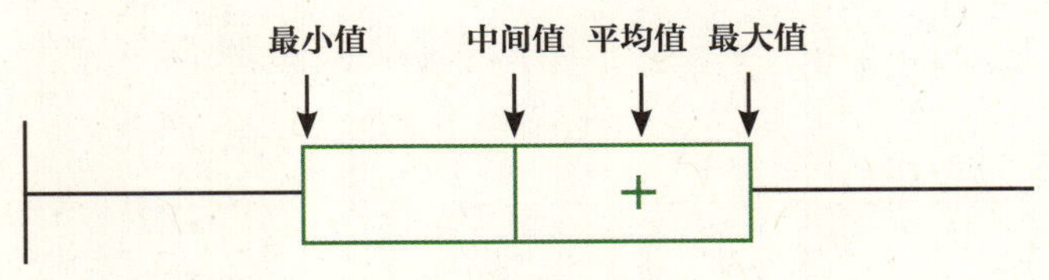

图1.7 箱型图

让我们试试以箱型图的方式表示以下两组数据。

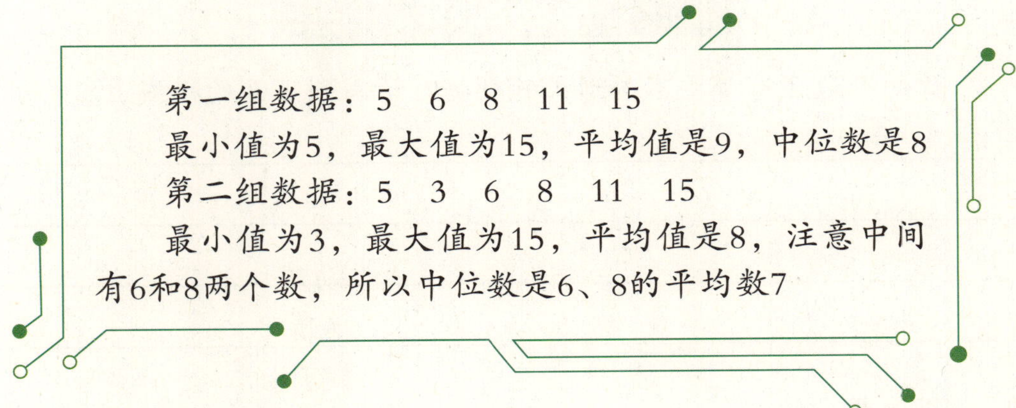

活动二：制作动态表情包

操作步骤：

①根据提示，使用图特制作“心脏跳动”表情包（图1.8）。

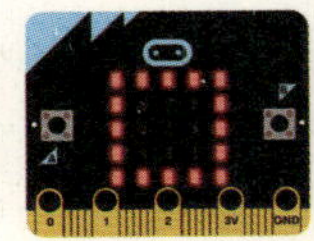

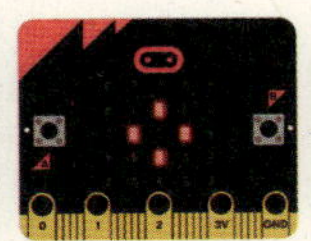
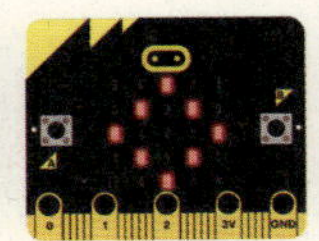

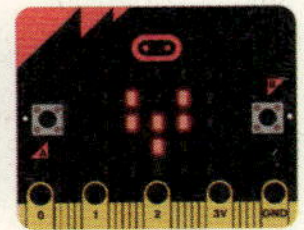

图1.8 “心脏跳动”表情包

②设计一组自己想要表达的表情包，将它画在下面。

③使用图特制作完成自己的表情包。

④同学间互相观看，猜一猜对方想要表达的意思。

拓展应用

你的身边还有哪些不同形式的数据？请写到下面的横线上。

____

____

____

____

想一想，连一连。

设计表情	数据处理
表情排序	数据存储
下载表情	数据生成

数据可视化（data visualization）并不难理解。如果我们把数据用图形、图像、动画等更加直观、形象、生动的手段表示出来，并且能够呈现出一定的规律，分析出一定的结果，这样的过程就被称为数据可视化。

数据是可以清晰表达的，思维导图就是一种数据可视化的表达方式。图1.9为一位同学用思维导图绘制的《西游记》读书笔记。

图1.9 《西游记》中真假孙悟空关系的可视化

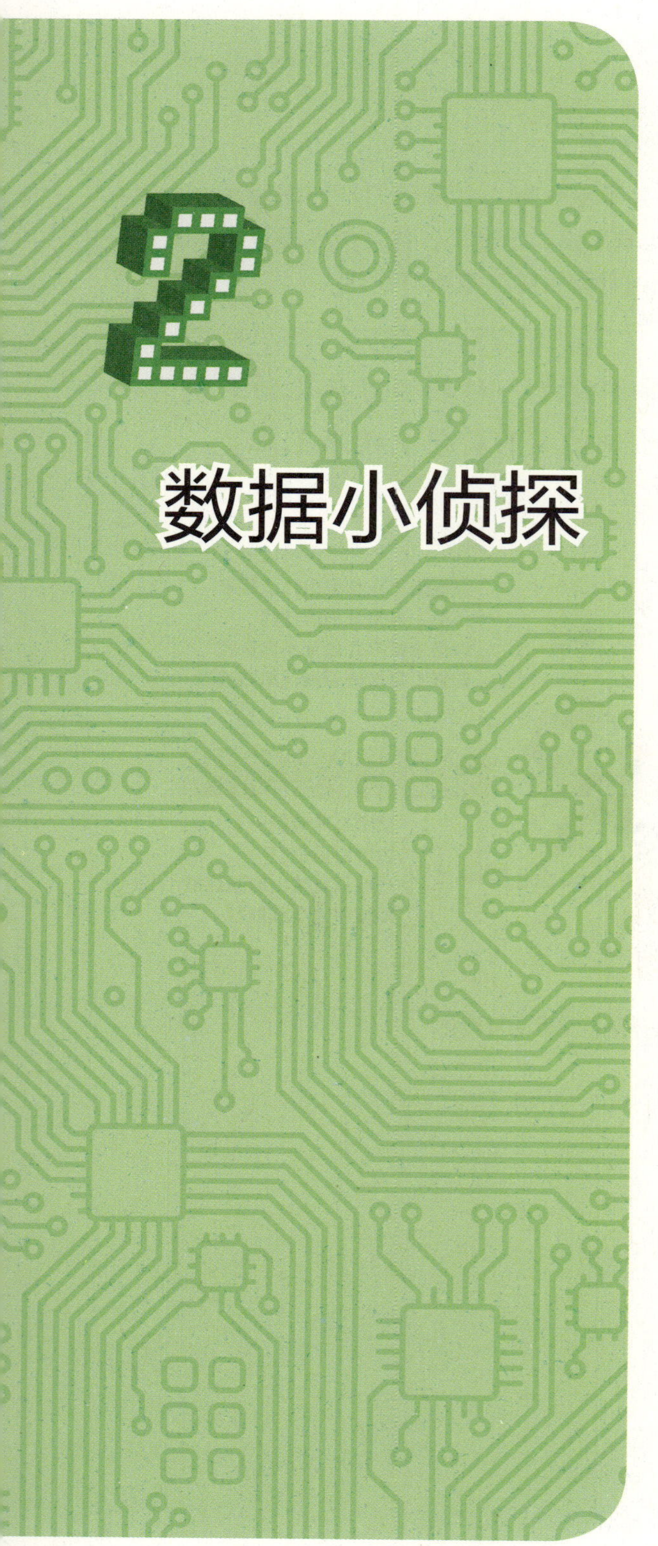

小智起航

- 了解数据的采集方法及处理过程。
- 使用图特体验传感器采集数据的过程。

同学们，通过上节课的学习我们了解了身边的数据。你知道这些数据是怎样采集、获取的吗？这些被采集的数据可以帮我们解决哪些问题呢？这节课我们就来学习与数据采集有关的内容，一起来做数据小侦探！

小智学堂

要成为一名数据小侦探需要五个阶段：问题描述、制订计划、数据采集、数据分析和得出结论（图2.1）。

我们通过一个具体的例子来说明：在开学体检时，医生告诉豆豆体重偏重，于是豆豆想利用所学的数据知识制订一份运动减肥计划。

问题描述

在一个学期内想要把体重减下来，运动是比较理想的途径。

制订计划

用智能手环监控运动数据，包括走路和跑步步数、运动时间、能量消耗等。

数据采集

采集一周的运动数据，并把这些数据记录下来。

数据分析

分析运动数据和体重的关系，制订下一周的运动计划。

得出结论

经过一个月的数据分析，找到一个相对能够持续减重的运动方案。

图2.1　数据小侦探的进阶

图2.2所示为豆豆的运动手环所采集和分析的数据。

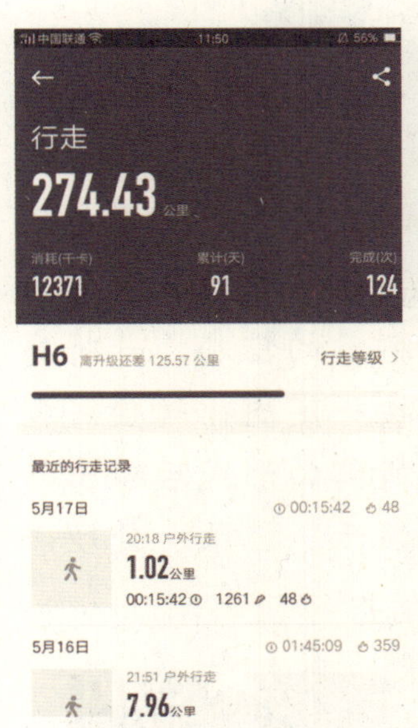

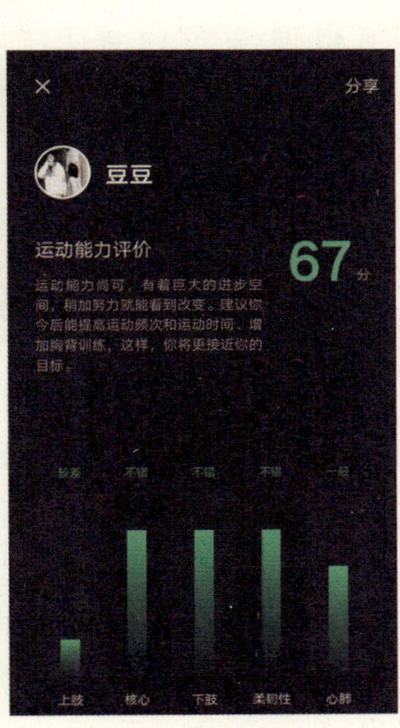

图2.2　运动手环数据采集和分析

数据和我们的生活息息相关，批量的数据又是如何得到的呢？教语文的贾老师在每次考试后都会将同学们的成绩统计出来，绘制成散点图（图2.3）。

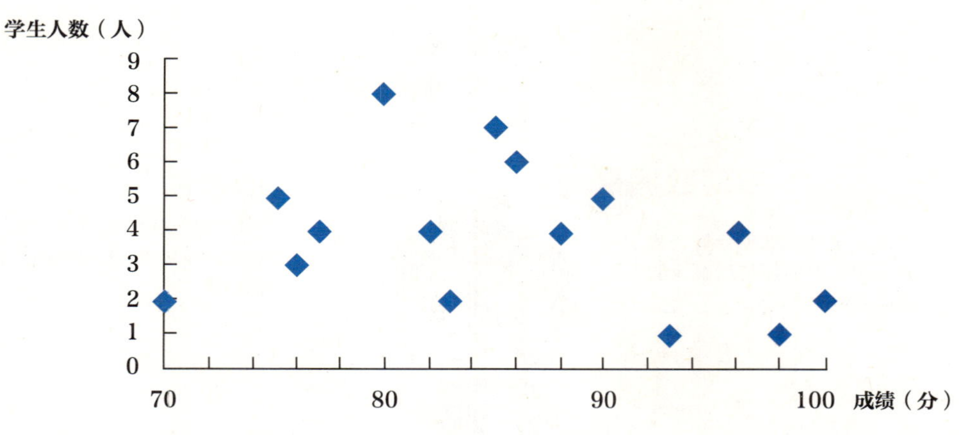

图2.3 班级成绩分布散点图

针对不同形式的数据有不同的采集方式和装置。例如：用麦克风可以采集到语音和音频数据（图2.4），用摄像头可以采集到图像和视频数据（图2.5）。

图2.4 用麦克风采集语音和音频数据

图2.5 用摄像头采集图像和视频数据

最常见的数据采集装置是传感器。传感器是一种检测装置，能感受到被测量的信息，并将感受到的信息按一定规律转换成电信号或其他所需的形式后输出，便于存储、显示、记录、处理和控制等。

按照数据的不同形式，传感器可分为温度传感器（图2.6）、湿度传感器、光敏传感器等。

图2.6 图特上的温度传感器

实践体验

活动一：单项数据批量获取

要求：调查统计全班学生上学路程所用时间，以每20分钟为一个时间段，记录下每个时间段的同学人数，绘制在图2.7中。

想一想：这张图能够告诉我们哪些重要信息？

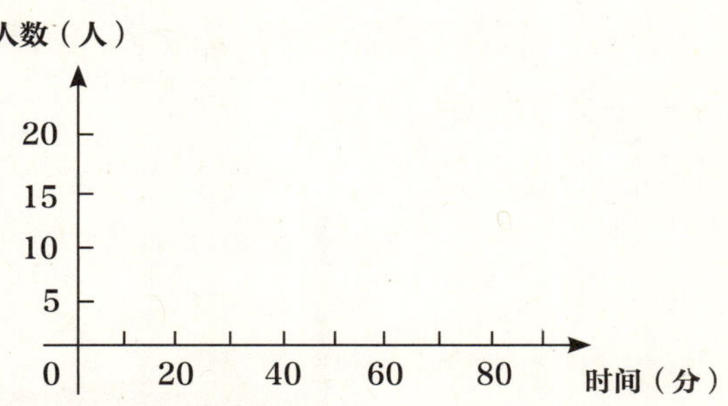

图2.7 上学路程所用时间的调查统计

活动二：多项数据批量获取

根据下面几项内容，完成全班同学学习和娱乐项目的调查（图2.8）。想一想：这些数据有什么用？

图2.8 学习和娱乐项目调查

活动三：采集温度数据

操作步骤：

①在塔洛斯的“输入”模块库找到“温度（℃）”模块，如图2.9所示。

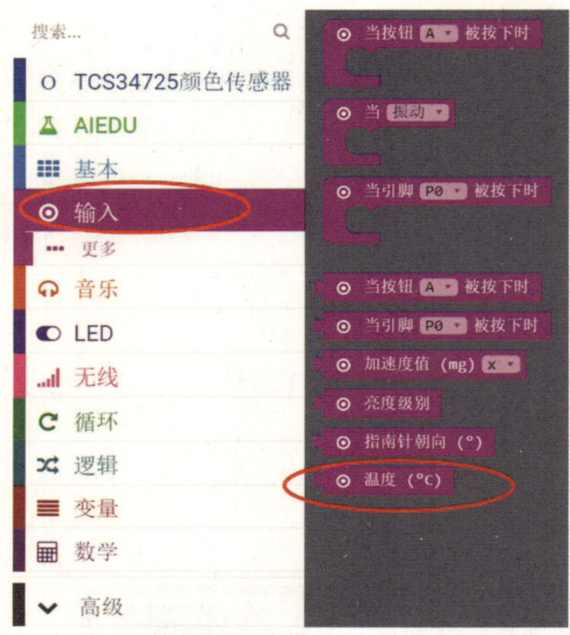

图2.9 “输入”→“温度（℃）”

②与“基本”模块库的“无限循环”“显示数字”模块结合，编写一段采集温度数据的程序，如图2.10所示。

图2.10 采集温度数据程序

③连接图特，观察图特的显示，在括号中记录当前的温度，如图2.11所示。

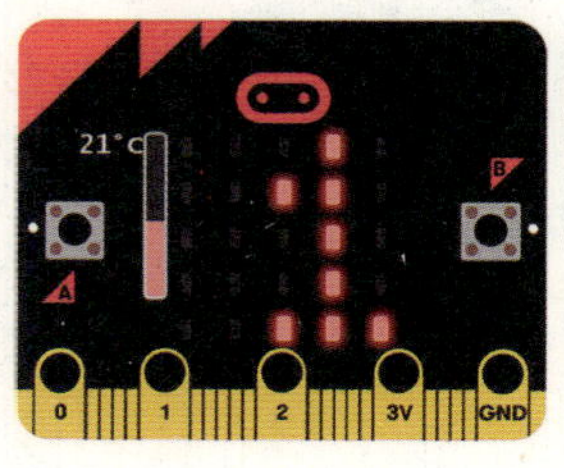

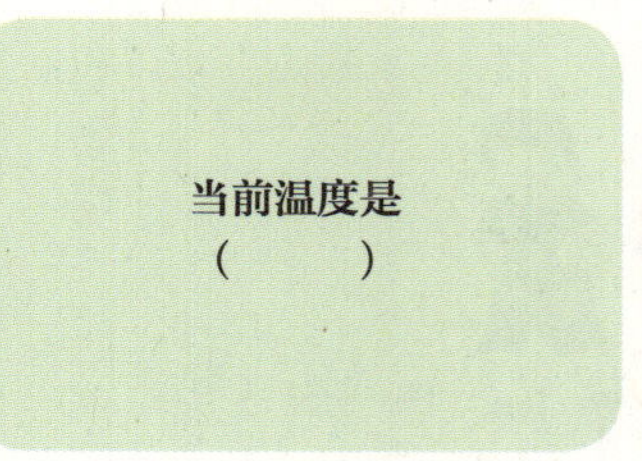

图2.11 图特显示温度

活动四：采集土壤湿度数据

操作步骤：

①认识土壤湿度传感器，如图2.12所示。

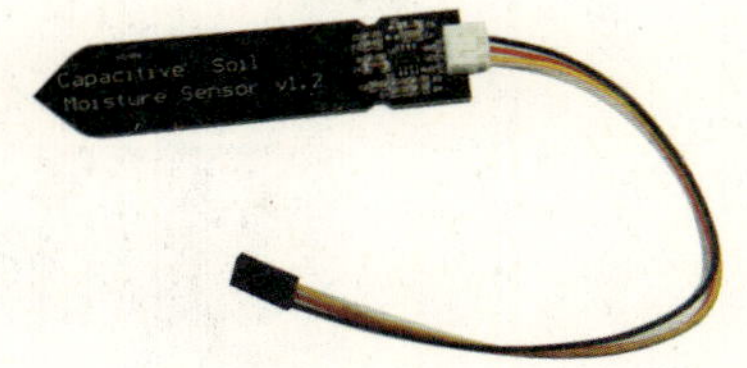

图2.12 土壤湿度传感器

②将土壤湿度传感器连接到拓展板的P0接口（图2.13）。

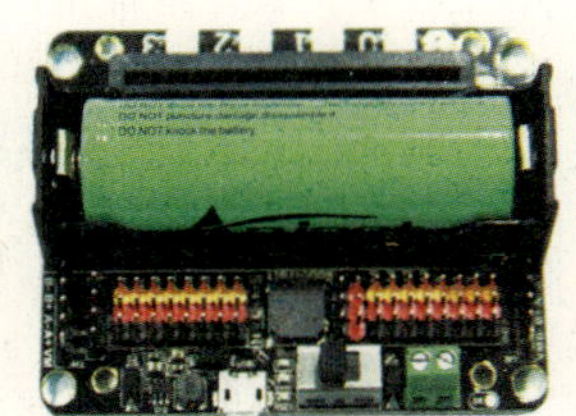

图2.13 连接土壤湿度传感器

③在塔洛斯的“高级”“引脚”模块库中找到“模拟读取引脚”模块，如图2.14所示。

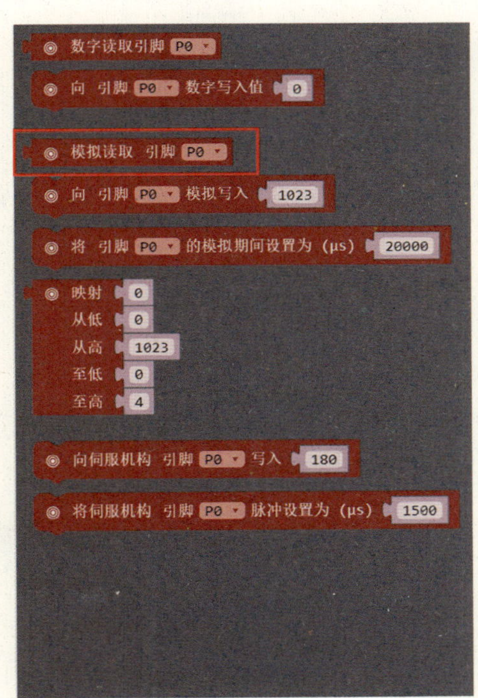

图2.14 “高级”→“引脚”→“模拟读取引脚”

④与“基本”模块库的“无限循环”“显示数字”模块结合，编写一段采集土壤湿度数据的程序，如图2.15所示。

图2.15　采集土壤湿度数据

活动五：同时采集温度和土壤湿度数据

根据图2.16的提示，使用图特同时采集温度和土壤湿度数据，并记录下来。

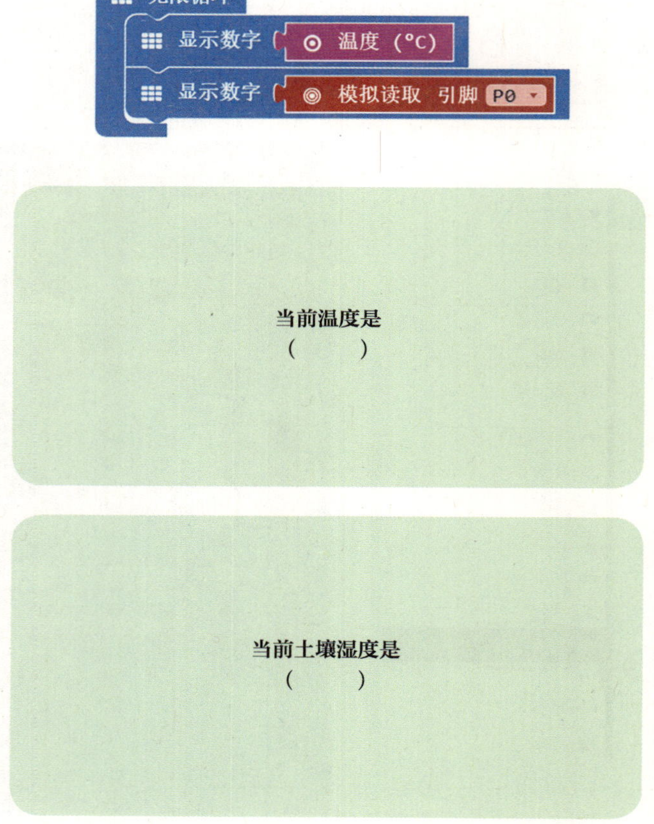

图2.16　同时采集温度和土壤湿度数据

我们如何区分采集到的数据哪个是温度数据，哪个是土壤湿度数据呢？可以参考图2.17中的程序。

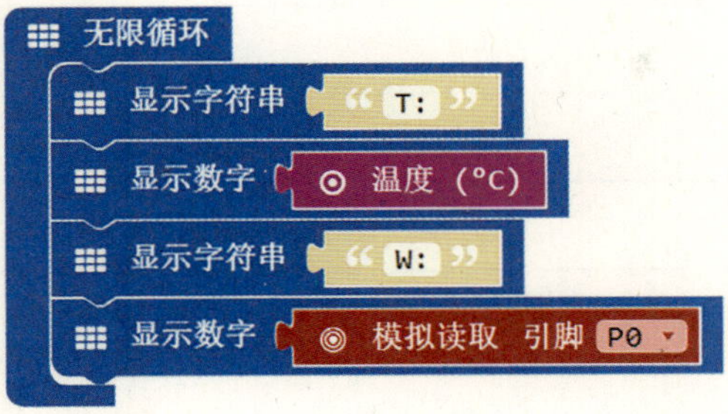

```
无限循环
    显示字符串 “T:”
    显示数字 温度（°C）
    显示字符串 “W:”
    显示数字 模拟读取 引脚 P0
```

图2.17　参考程序

拓展应用

在现实生活中，我们可以用传感器采集到哪些数据呢？列举出可以解决的问题。

思考一下，我们在生活中应该如何保护涉及隐私的数据？如准确的出生年、月、日或父母的手机号等。

____

____

____

____

____

____

AI小知识

数据采集（data collection）指通过一些装置将来自各种数据源的数据收集起来，再装到某个装置中，等待集中进行分析和处理。不正确的数据采集可能会让人工智能系统无法准确地回答问题，并且会误导其他的数据使用者。

第二单元
算法启蒙

同样是西红柿炒鸡蛋，为什么爸爸和妈妈做出来的味道不一样？他们做同一道菜用的时间也不一样。想一想：我们在做家务时都找到了哪些省时省力的小窍门？去医院时留意一下就诊流程图，它可以提示患者如何最快就诊。这些都是生活中我们会用到的算法思维。

什么是算法呢？它与程序之间有什么联系？其实计算机程序的算法设计和生活中的算法思维有很多类似的地方，让我们一起来探索吧！

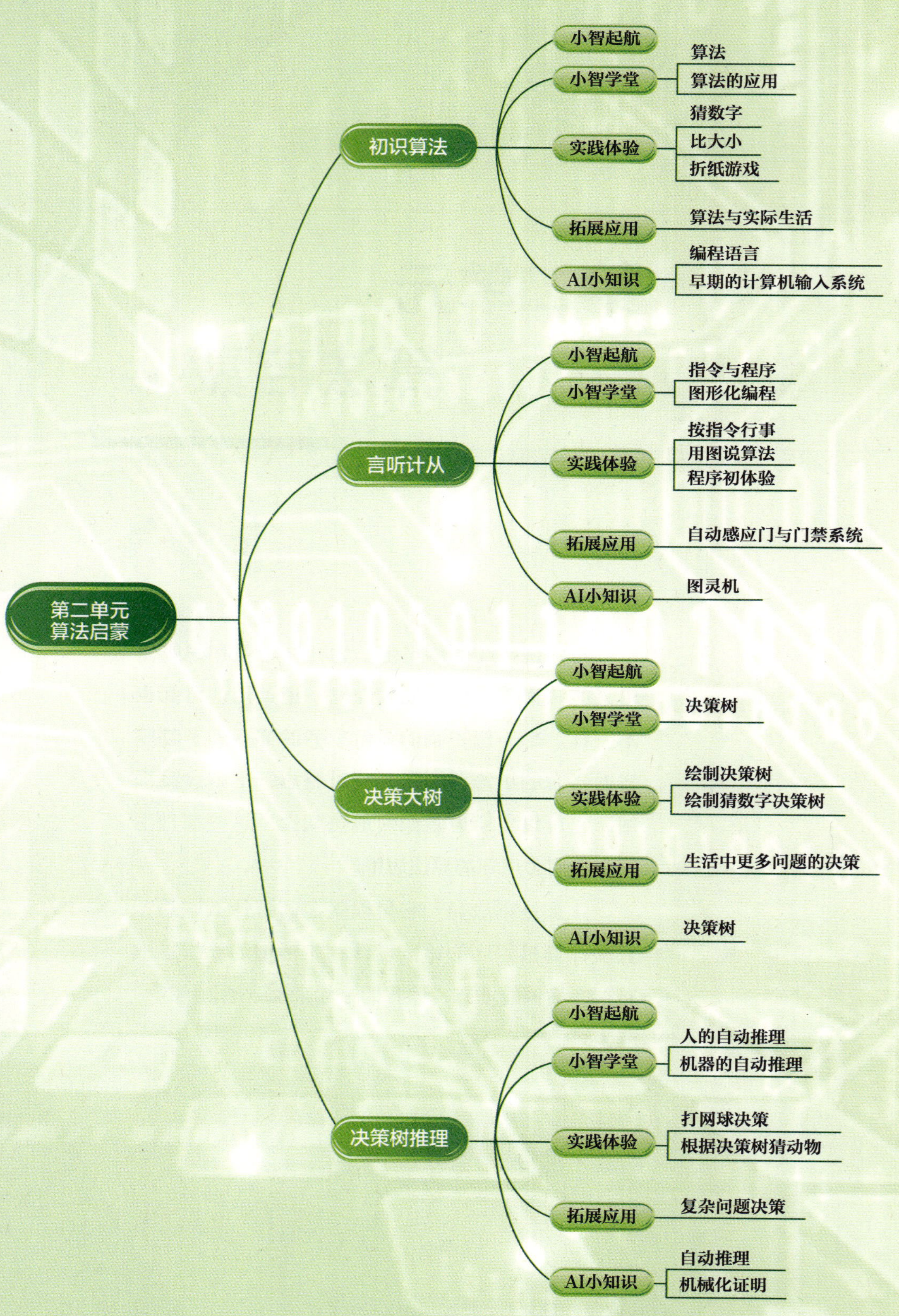
第二单元
算法启蒙
初识算法
小智起航
小智学堂
算法
算法的应用
实践体验
猜数字
比大小
折纸游戏
拓展应用
算法与实际生活
AI小知识
编程语言
早期的计算机输入系统
言听计从
小智起航
小智学堂
指令与程序
图形化编程
实践体验
按指令行事
用图说算法
程序初体验
拓展应用
自动感应门与门禁系统
AI小知识
图灵机
决策大树
小智起航
小智学堂
决策树
实践体验
绘制决策树
绘制猜数字决策树
拓展应用
生活中更多问题的决策
AI小知识
决策树
决策树推理
小智起航
小智学堂
人的自动推理
机器的自动推理
实践体验
打网球决策
根据决策树猜动物
拓展应用
复杂问题决策
AI小知识
自动推理
机械化证明
第二单元知识结构图

3 初识算法

小智起航

◎认识算法，了解算法在生活中的应用。

◎能够使用自然语言描述算法。

◎针对同一问题，能够选择适合的算法。

说起算法，我们可能会联想到数学中的计算方法或者计算机处理数据时用到的非常复杂的方法。其实，算法就在我们身边。

小智学堂

日常生活中，我们做很多事情都会提前构思一个基本思路，如整理书包时书本应该怎样排序，从家里出发去博物馆要走哪条路线。这些和算法会有关系吗？

算法指解决问题时准确而完整的步骤顺序，例如：学习做菜时用到的菜谱就是算法。算法最常用的场合是计算、处理数据和自动推理。

算法并不如我们想象的那么复杂，让我们来看看小智博士是怎么说的吧（图3.1）。

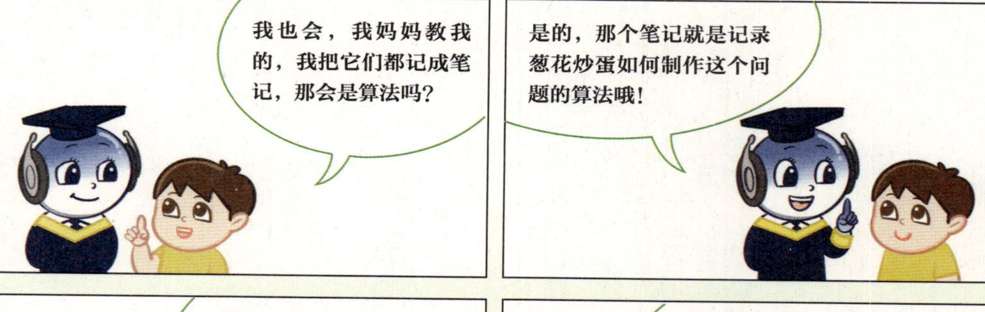

图3.1　算法

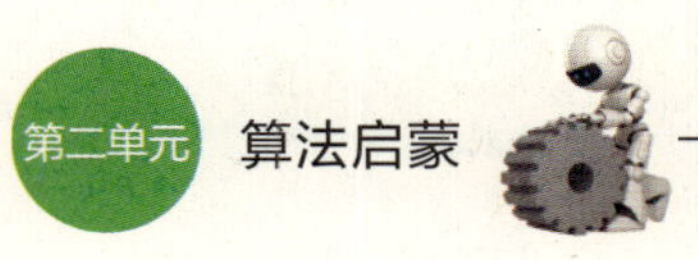

图3.2、图3.3是两个生活中常见的算法举例，同学们，你还知道生活中有哪些应用算法的例子吗？

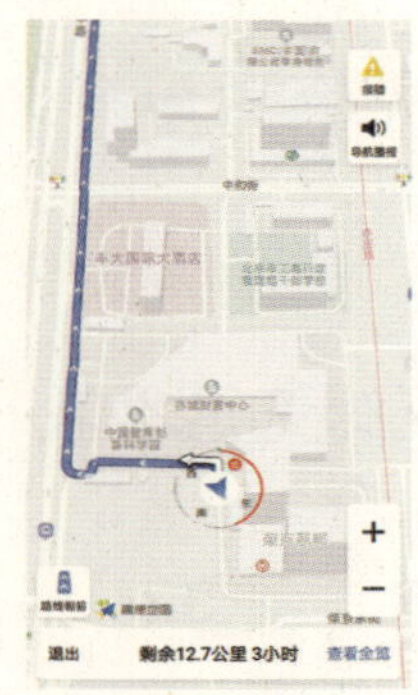

图3.2 地图导航

图3.3 人脸识别

实践体验

下面的排序问题用到了哪些算法呢？

活动一：猜数字

游戏规则

一个同学上台，在1～100内选出一个数字，将其写在一张纸上交给老师。

台下同学可以提问题，由台上的同学回答。

台上同学只能回答“是”或“不是”。

当猜出数字时，老师统计台下同学共提出了多少问题。

如果同学们提问的策略是：“是1吗？”“是2吗？”依次类推，需要问多少次？

如果我们的策略是“在1～50中吗？”“在25～50中吗？”需要多少次提问？还有其他的提问方式吗？请写在下面。

____

____

____

想一想

上面的两种算法，哪种更好呢？

如果在1～1000中选取一个数字，问题会增加多少呢？

活动二：比大小

找出下列数字中的最小数字，说一说你是怎么找出来的。

18　　11　　23　　7　　32

我们可以从左向右依次进行比较，每次比较后保留较小的数字，再与下一个数字进行比较，最后得出最小数字。

操作步骤：

①先从左侧开始，将前两个数字进行比较，得出较小的数字11。

②将数字11与第三个数字比较，得出的较小数字仍是11。

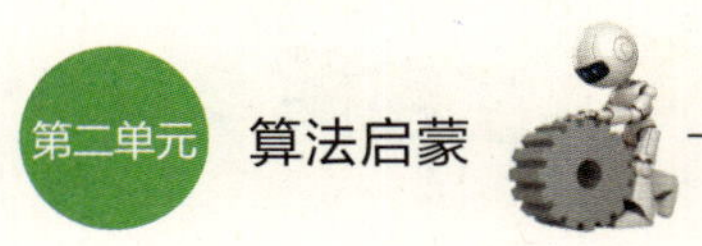

③再将数字11与第四个数字进行比较，得出的较小数字是7。

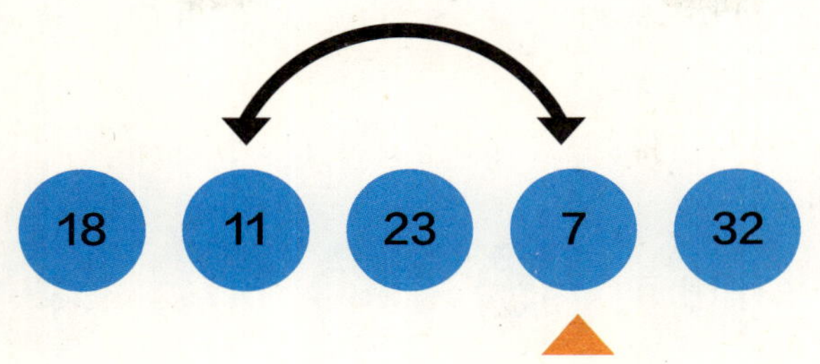

④将数字7与最后一个数字进行比较，得出最小的数字是7。

试一试：将下面的五个数字从小到大进行排序，有哪几种算法？

18　　11　　23　　7　　32

算法一

根据前面找最小数字的方法，先找最小的数字，放在第一个位置，然后再用同样的方法接着找出剩下数字中的最小数字放在第二个，依次类推，数字就能按照从小到大的顺序排列好。

操作步骤：

①按照前面学过的算法找到最小数字7，与第一个位置的数字互换，即7和18互换。

②在后面的四个数字中找到最小数字11，与第二个位置的数字互换，即11位置不变。

③在剩下的三个数字中找到最小数字18，放在第三个位置，即18和23互换。

④在剩下的两个数字中找到最小数字23，放在第四个位置。

⑤数字32的位置不变，数字已经从小到大排列好了。

算法二

从左侧第一个数字开始与相邻的右侧数字进行比较，将较大的数字放在右侧，比较完五个数字之后，再从左侧开始新一轮的比较，直到所有数字位置不变为止。

操作步骤：

①前两个数字比较，较大的数字放在后面，即18和11换位置。

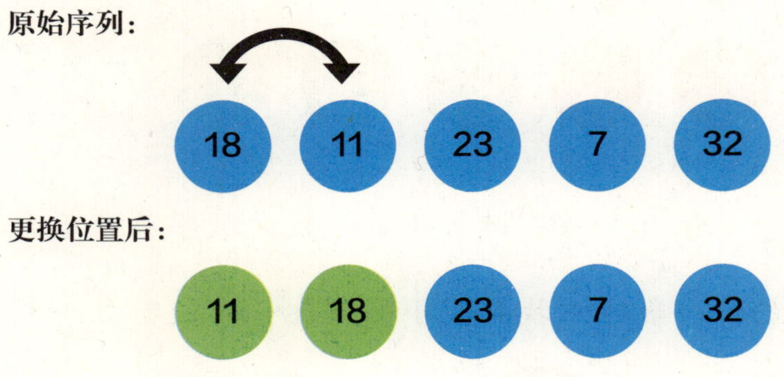

②将第二个和第三个数字比较，数字23较大，应放在后面，即数字位置不变。

③将第三个和第四个数字比较，较大的数字放在后面，想一想：a、b分别是什么数字？

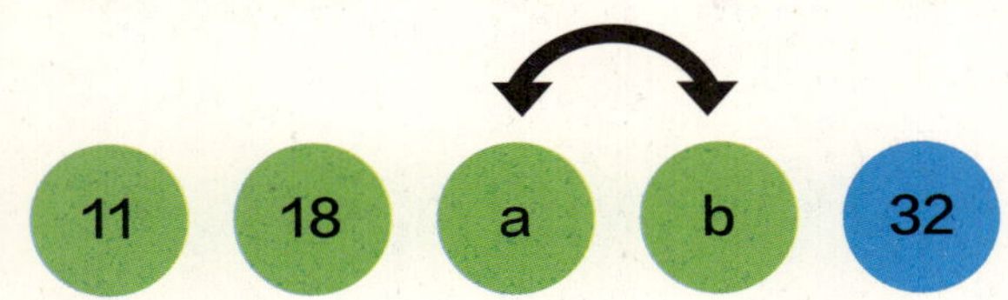

④将第四个和第五个数字比较，较大的数字放在后面，即数字位置不变。

⑤再从左侧第一个数字开始，将第一个与第二个数字比较，较大数字放在后面，即数字位置不变。

⑥将第二个与第三个数字进行比较，较大数字放在后面，即18和7换位置。

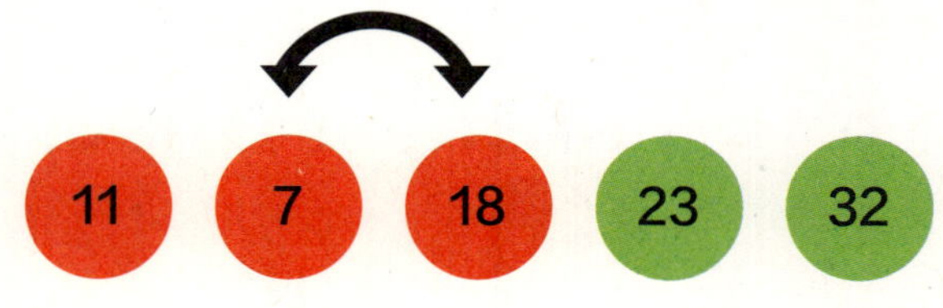

⑦依次进行，直到比较一轮之后所有数字位置不再改变，可停止比较，得出从小到大的排列顺序。

活动三：折纸游戏

图3.4所示为折纸游戏，把一张长纸条竖着放在桌子上，然后从纸条的下边向上边对折，压出折痕后再展开，此时纸条上出现一个指向背面（桌面）的折痕，这条折痕叫“下折痕”，如果折痕指向纸条的上方，叫“上折痕”。如果每次都是从下向上对折，对折n次后打开，你能从上到下计算出所有折痕的方向吗?

若折纸次数为n，上折痕用1来表示，下折痕用0来表示，试一试，并在表3.1中记录折纸次数与结果。

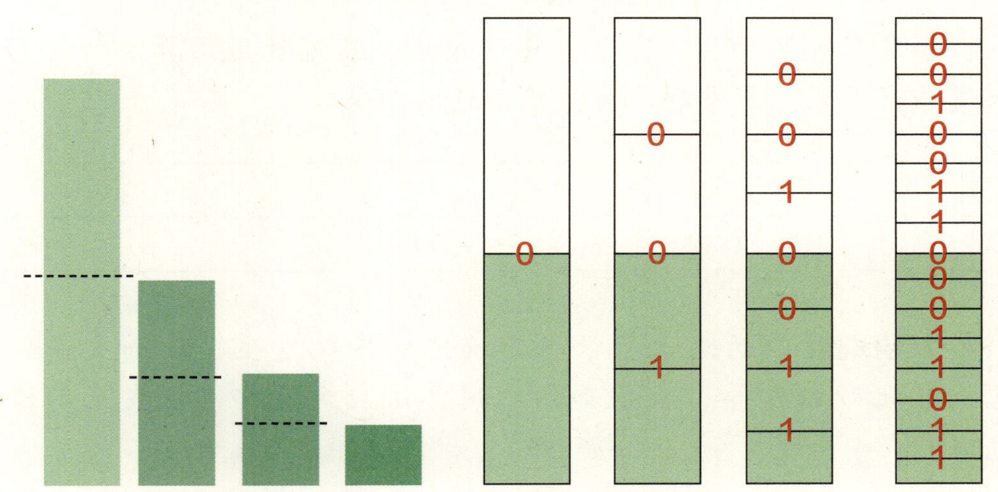

图3.4 折纸游戏

表3.1 折纸次数与结果统计表

折纸次数	结果
1	0
2	0 0 1
3	0 0 1 0 0 1 1
4	0 0 1 0 0 1 1 0 0 0 1 1 0 1 1
5	

通过观察，我们发现每对折一次后，纸条上半部分的折痕与上一次整张纸条的折痕完全相同，下半部分又与其一一对应的上半部分折痕相反，而中间永远是第一次对折所得的下折痕。

所以，纸条对折第n次的结果由三部分组成：

①先写出上一次对折后整张纸条的序列（即为本次对折后上半部分的结果）。

②再对第一部分的序列取反（得出本次折纸后下半部分从下向上的结果），再逆序（得出下半部分从上向下记录的序列）。

③中间写0。

上面的步骤，就是折纸游戏的算法。

拓展应用

如果家人做的某一道菜你不喜欢吃，能不能运用算法帮他们改进一下厨艺？看看有没有意想不到的结果。

____

____

____

上学或放学的路上有很多不确定的情况发生，比如交通堵塞、忘记带钥匙等，我们如何利用算法应对这些可能发生的情况呢？

____

____

____

AI小知识

算法和程序是密切相关的。例如：要解决密码验证的问题，要先设计好如何进行验证的正确算法，再将算法用程序语言实现。

编程语言（programming language）指用于书写计算机程序的语言。最早的编程语言是 Plankalkül，是德国人康拉德·楚泽（Konrad Zuse）于1942—1945年发明的世界上第一个高级编程语言。

读一读

计算机需要根据给定的程序才能运行，但是早期的计算机由于受各种限制，只能利用穿孔纸带（如图3.5所示，也叫指令带）进行程序输入，穿孔纸带采用“0”“1”机制，有孔的位置光线可以照过去，表示为“1”，无孔的位置光照不过去，表示为“0”。这是早期计算机的输入系统。

图3.5 曾被广泛使用的80列穿孔纸带

（图片来源：维基百科 https://zh.wikipedia.org/wiki/%E6%89%93%E5%AD%94%E5%8D%A1#/media/File:Blue-punch-card-front-horiz.png）

只要在纸带穿孔机（图3.6）的键盘上敲录数字，就能给纸带穿孔。为了避免出错，穿好的纸带是要检查的。往往是一个人读出源程序（机器码），另一个人紧盯着纸带。可以用浅色的笔在纸带上做记号，对应程序中的每一行，这样将来修改时比较容易。如果发现哪一段错了，就把那一段剪掉，再把正确的用胶水贴上去。这个剪贴既要平滑又要牢固，需要一定的技术。有时还会使用一些工具对纸带做小的修改，比如给纸带上某一列加一个洞，或者用胶水贴上一小片纸，堵住一个洞。

图3.6 IBM285系列纸带穿孔机

（图片来源：维基百科 https://en.wikipedia.org/wiki/Tabulating_machine#/media/File:Early_SSA_accounting_operations.jpg）

小智起航

◎认识计算机的指令。

◎认识流程图，能够读懂简单的流程图，并尝试用流程图描述算法。

◎知道算法、流程图、程序三者之间的关系。

当使用计算机解决编程问题时，算法是解决问题的核心。算法、流程图、程序之间存在着紧密的联系。

小智学堂

在生活中，我们经常会按照指令去做一些事情，例如："加一勺糖""拿出一支笔""画一个圆圈"等，马路上的红绿灯、校园里的铃声都能给我们发出指令。

人类可以按照指令来完成任务，计算机在解决问题的时候也要按照指令工作，那么什么是计算机指令呢？

计算机指令（computer instruction）是指挥机器工作的指示和命令。程序就是一系列按一定顺序排列的指令，指令是包含在程序中的，执行指令的过程是程序运行的过程，也是计算机处理问题的过程。

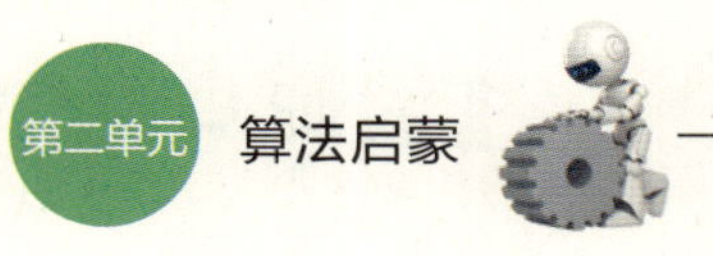

单个的命令就是指令（图4.1）。为了完成某一个特定任务，将指令按照一定顺序进行有效的组合就是程序（图4.2）。

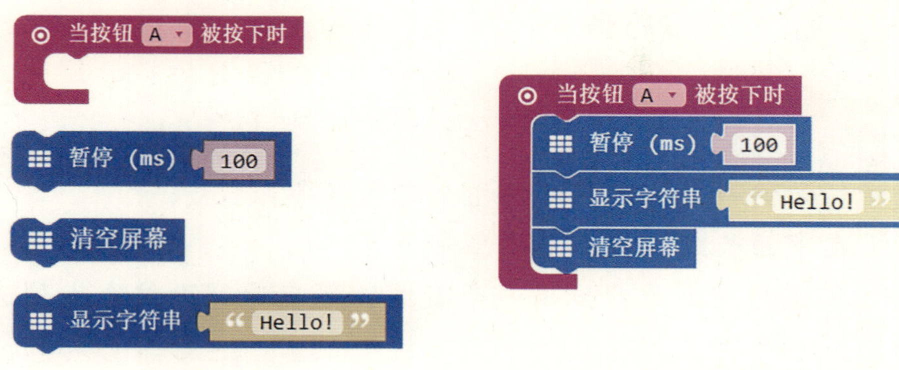

图4.1　指令　　　　图4.2　程序

计算机的指令是程序的一部分，精确的指令是程序正确执行的前提。当今社会，有一部分人专门从事编写计算机程序的工作，我们常常称他们为程序员。程序员需要精通至少一门编程语言，如图4.3所示的Python、Java、C语言等，并采用相应的语言代码来编程。

我们学习的编程方法通常是图形化编程，它是通过鼠标操作图形指令来完成程序编写的。图形化编程是基于某一种编程语言设计的可视化的操作界面，直接跳过了代码的编写，用拖拽图形的方式进行编程。

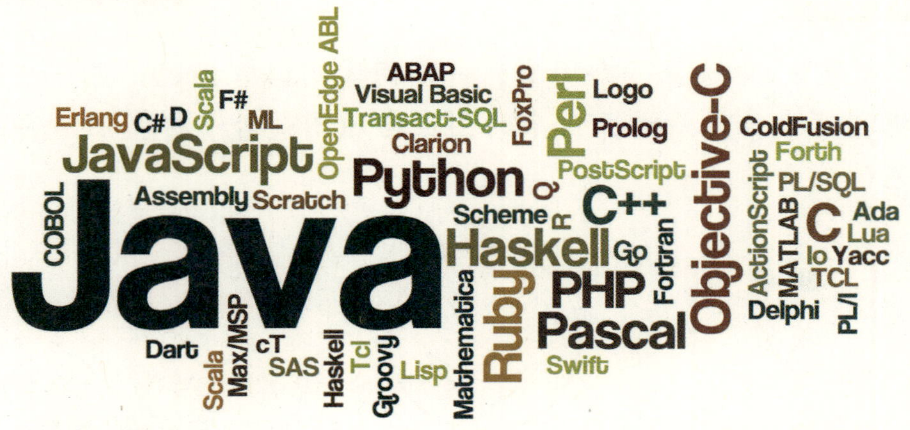

图4.3　各类编程语言

实践体验

活动一：按指令行事

画一画

请同学们一起按照下面的指令完成任务：

①在下面长方形框的中间画一个点。

②从框的左上角开始画一条直线，笔直地穿过这个点到达右下角。

③再从框的左下角开始画一条直线，笔直地穿过这个点直到右上角。

④在框上边的三角形正中间写下自己的班级。

玩一玩

从图4.4中选择一个图案，一个同学用语言描述，另一个同学根据描述来画，看看画出来的图案与原图是否一样。然后再互换角色试试看。

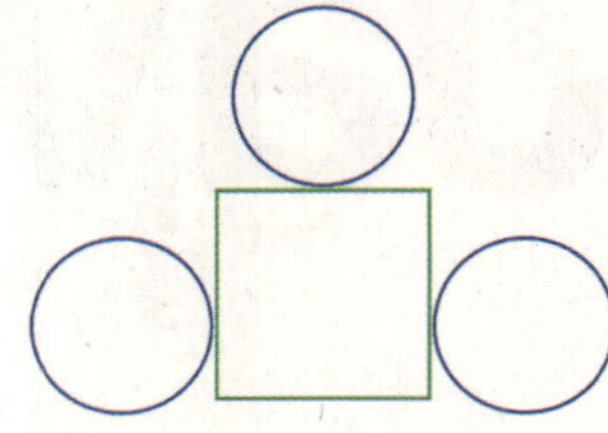

图4.4　玩一玩

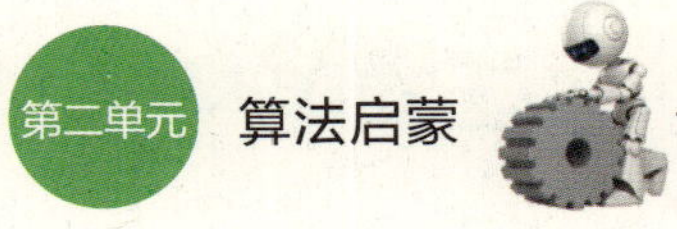

想一想

同学画出的结果和自己描述的图案一样吗？怎么能够将指令描述得更精确呢？

如果人类全部按照指令行动会带来什么后果？你能举一个例子吗？

读一读

1996年，欧洲空间局研制的阿丽亚娜（Ariane）5型运载火箭（图4.5）由于控制飞行的软件发生故障，火箭在发射37秒后便偏离原始路径，最后不得不启动火箭的自毁程序。这一故障的原因是飞行器导航计算中的程序开发人员复制了前一代4型火箭中的部分程序，结果在程序运行中发生了致命的数值溢出。

图4.5 阿丽亚娜 5 型运载火箭

（图片来源：https://www.flickr.com/photos/145754400@N06/46266544272/in/photolist-2duq8Hb-owaUxL-Gamhx4-ovLdqZ-ovYDao-owaBpL-bEhvcJ-oukhfE-oeTiu2-oeSN5v-oeTU9a-oeU1zr-ow9X2f-oeTkv5-owabDW-ow6sQt-oy7VnV-ownzkp-oeTD2M-owcv2z-owaw7b-ouaAqs-ouazyY-owa8Yd-oefx3u-oehxN3-ovwHco-ovKsAz-ovJLwd-oy7ZFK-oeGedi-ovYNYm-ovtzTZ-oefywa-oehp7L-ovKre3-ovv7wF-ovy6f9-ovKrnj-oegBUb-ovJXEP-ovuuxg-oegHLG-ovLgq6-oegvYc-oegEMT-oefPmj-oeTjP6-ow6RTT-oeSBTi）

同学们，我们从小就要养成对程序进行验证和测试的好习惯，否则很有可能因为程序中一个小小的错误，就造成十分严重的后果。

活动二：用图说算法

精确的指令是程序正确执行的前提，除此之外，做流程图也是写程序之前一个必要的工作，流程图是程序设计的最基本依据。

绘制流程图的时候要使用特定的图形符号，并加上文字说明，图4.6是流程图中常用的图形符号。

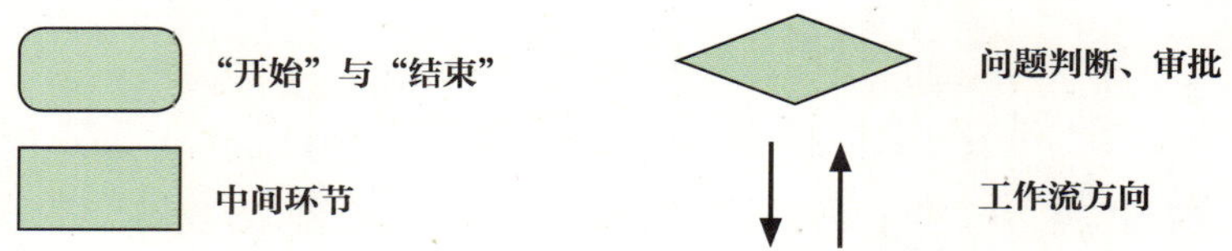

图4.6　流程图中常用的图形符号

读一读下面的流程图（图4.7），用自己的话说一说流程图表达的内容。

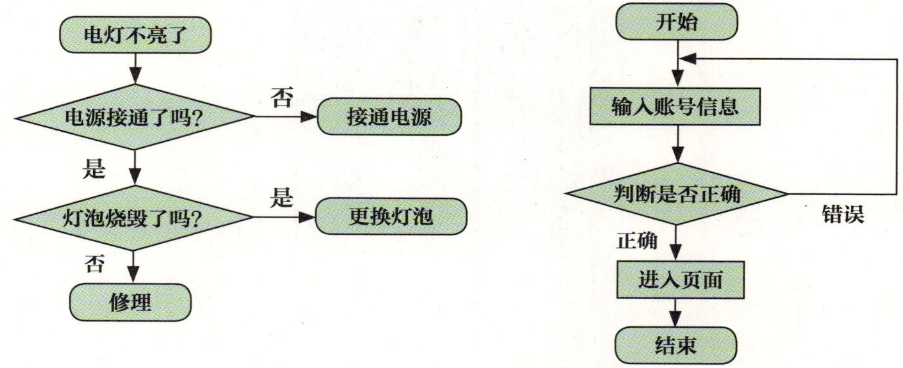

图4.7　流程图

活动三：程序初体验

计算机可以迅速解决人力无法解决的问题。图4.8已经给出了算法，我们一起用程序实现它吧！

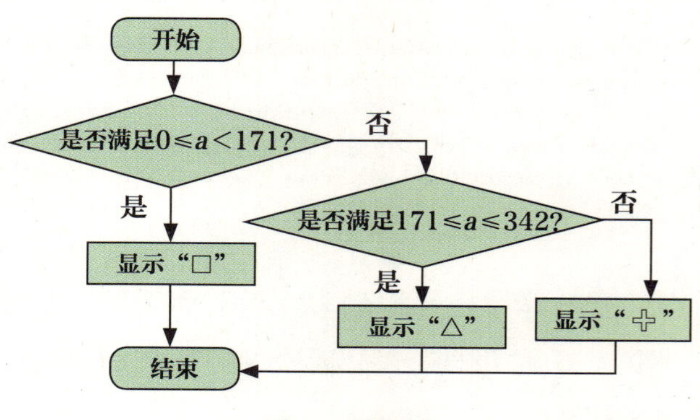

图4.8　流程图

准备器材：主控板、电池、图特、旋转指示器（图4.9）。将旋转指示器连接到拓展板（图4.10）的P1接口。

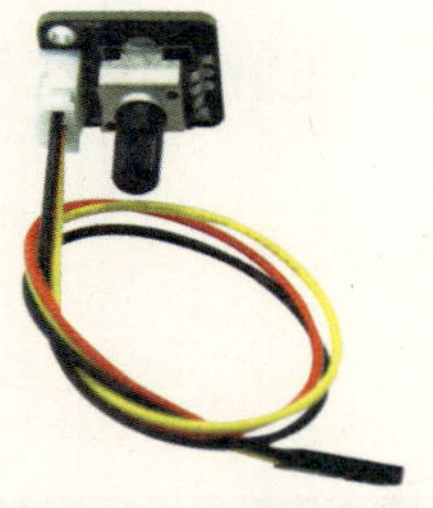
图4.9 旋转指示器

图4.10 拓展板

实现的功能：

按下A键时显示旋转指示器读数；
若读数大于等于0，且小于171，则显示“□”；
若读数大于等于171，且小于等于342，则显示“△”；
否则，显示“+”。

程序编写如图4.11所示：

```
当按钮 A 被按下时
    显示数字 模拟读取 引脚 P1

无限循环
    将 a 设为 模拟读取 引脚 P1
    如果为 a ≥ 0 与 a < 171
    则 显示图标
    否则如果为 a ≥ 171 与 a ≤ 342
    则 显示图标
    否则 显示图标
```

图4.11 参考程序

拓展应用

生活中有很多常见设施的功能是用编程的方式实现的，同学们能说说它们的执行过程吗？观察图4.12至图4.14，尝试画一画程序的流程图吧！

图4.12　自动感应门

图4.13　门禁系统

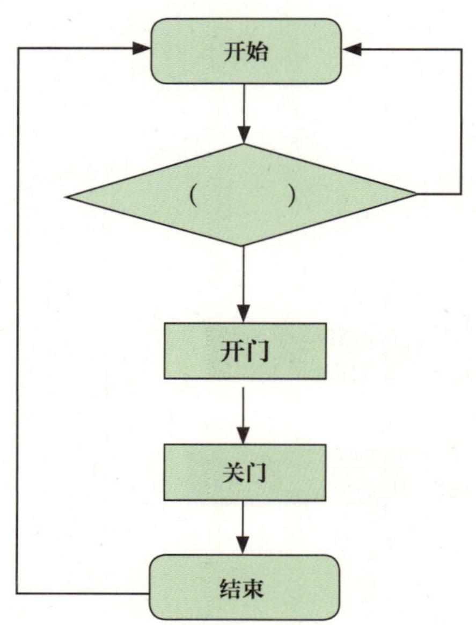

图4.14　自动感应门流程图

AI小知识

图灵（Turing，图4.15）于1936年提出的一种确定的抽象计算模型称为图灵机（图4.16），图灵的基本思想是用机器来模拟人们用纸笔进行数学运算的过程，他把这样的过程看作下列两种简单的动作：

图4.15 图灵

（图片来源：维基百科 https://en.wikipedia.org/wiki/Tabulating_machine#/media/File:Early_SSA_accounting_operations.jpg）

- 在纸上写上或擦除某个符号；
- 把注意力从纸的一个位置移动到另一个位置。

而在每个阶段，人要决定下一步的动作，依赖于此人当前所关注的纸上某个位置的符号和此人当前思维的状态。

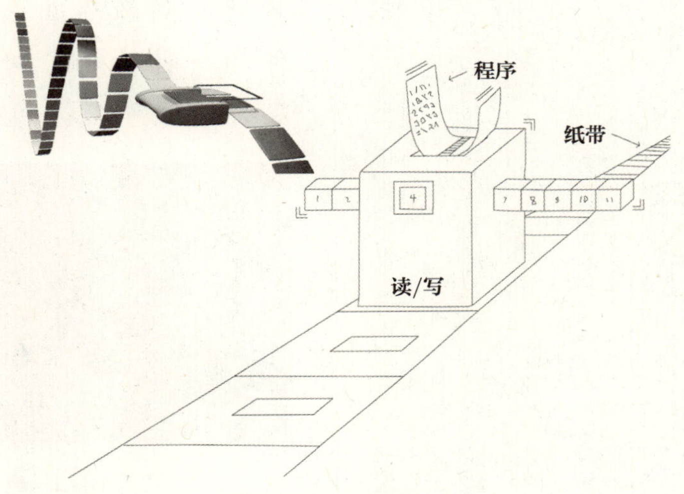

图4.16 图灵机

5 决策大树

小智起航

◎认识决策树，了解决策树的概念。

◎学会用二进制表示决策树。

◎掌握根据实际问题绘制决策树的方法。

小智学堂

在生活中，有很多需要我们去选择和判断的事，只有运筹帷幄，才能决胜千里，因此正确、科学地决策非常重要。怎么才能很快做出合理的决策呢？我们一起来探究吧！

图5.1至图5.4中有四种动物，分别是鹰、企鹅、海豚和熊，观察它们的特征，尝试用不同的问题筛选出其中符合条件的一种动物。同学们会按照怎样的顺序去提问呢？

图5.1 鹰

（图片来源：https://www.pexels.com/photo/flying-bird-during-day-220919/）

图5.2　企鹅

（图片来源：https://www.pexels.com/photo/close-up-photography-of-penguin-on-snow-86405/）

图5.3　海豚

（图片来源：https://www.pexels.com/photo/swimming-dolphins-2347462/）

图5.4　熊

（图片来源：https://www.pexels.com/photo/brown-bear-in-body-of-water-during-daytime-158109/）

鹰

问题1：有没有羽毛？

问题2：会不会飞？

海豚

问题1：有没有羽毛？

问题2：有没有鳍？

如果把我们提问与判断的过程用图5.5来表示，是不是更清晰呢？

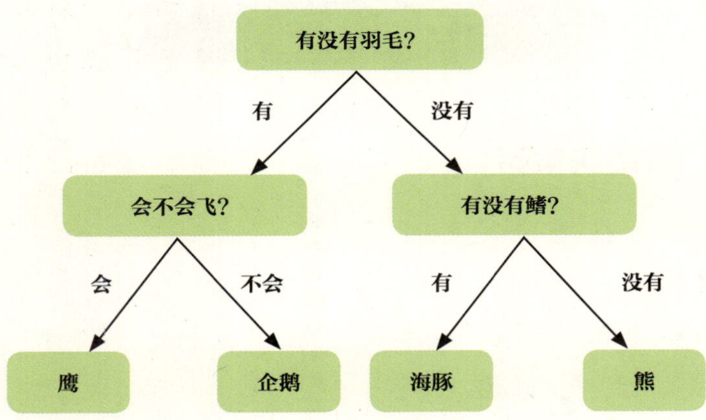

图5.5　动物判断

把图倒过来，就会发现它像一棵树，这就是一个简单的决策树。在做决策的时候，用这种有分支的决策树结构表示会更清晰。

在决策树中，每个进行判断的节点都有名称，其中根节点是最上面的节点，图5.5中“有没有羽毛？”这个节点就是根节点，叶节点表示后面不再需要判断，已经是最终的结果，如“鹰”“企鹅”“海豚”“熊”等。父节点和子节点是相对而言的，某一个节点的上一级节点是它的父节点，如“会不会飞？”是“鹰”“企鹅”的父节点，反之，“鹰”“企鹅”是“会不会飞？”这个节点的子节点。

哪些是叶节点、根节点？哪些是子节点、父节点？请同学们将左侧的节点名称与右侧对应的部分连接起来。

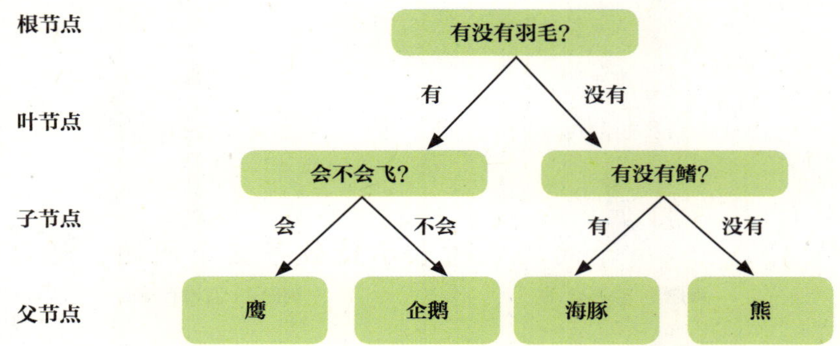

实践体验

活动一：绘制决策树

在生活中，很多决定都可以用决策树表示。例如：什么条件下周末可以出去玩？如作业是否完成、天气情况、同伴是谁、出门的目的地是哪里等。请同学们试着根据自己生活中的实际问题绘制一个简单的决策树。

活动二：绘制猜数字决策树

从数字0、1、2、3、4、5、6、7这8个数字中选取一个数字，请同学来猜。最少要提问几次才可以猜中？

以数字3为例：

3

第1次：是不是大于等于4？　不是；
第2次：是不是大于等于2？　是；
第3次：是不是大于等于3？　是。

如果是5呢？最少需要问几次？

5

如果用图5.6所示的决策树表示猜数字这个问题，通过观察，0～7之间的任何一个数字一定可以通过3次提问猜中。

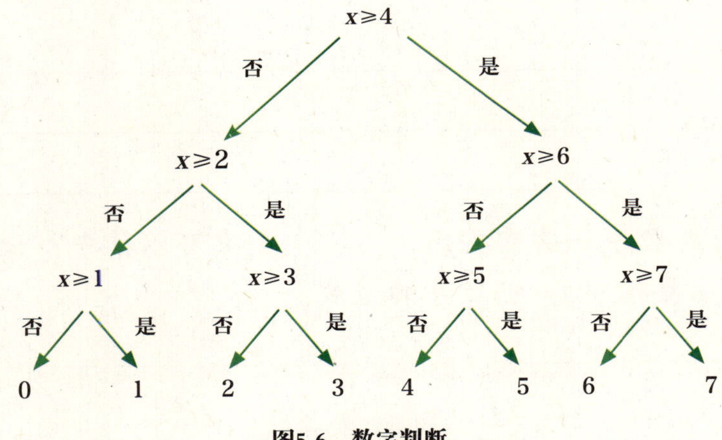

图5.6　数字判断

决策树本身是从上往下分叉，并且每次都有两个分叉，我们将它们分别称之为“0”和“1”。

从决策树可以看出来，0～7每个数字都有一条路径，表5.1是用二进制表示路径的表格，我们一起来补充完整吧！

表5.1　数字0～7的决策树路径与二进制表示

数字	路径	二进制
0	否　否　否	0　0　0
1		
2		
3		
4		
5		
6		
7		

拓展应用

在生活中，我们有时会碰到三种或者更多可能的决策情况，比如周末有看电影、去公园春游和陪父母看望好久没见的朋友三个选择。如果选择看电影会遇到我、爸爸、妈妈是否都喜欢影片的选择，去公园会根据游玩重点有不同的去处可选择。想一想：这种情况下的决策树该怎么画？如何做出大家都同意的决定呢？

____

____

____

0～15的数字一共需要问（　　　）次可以猜中？设计一棵决策树，表示要猜中0～15数字的过程。

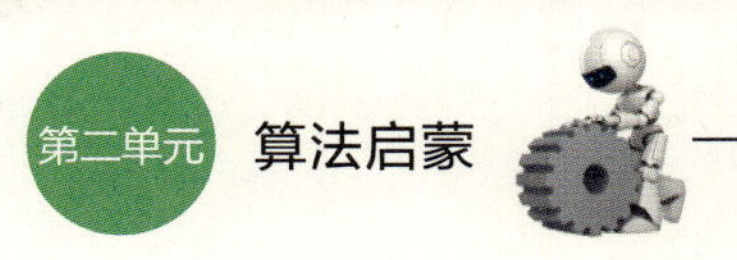

猜0～15数字的决策树路径是什么？请用二进制表示出来（表5.2）。

表5.2 数字0～15的决策树路径与二进制表示

数字	路径	二进制
0	否 否 否	0 0 0
1		
2		
3		
4		
5		
6		
7		
8		
9		
10		
11		
12		
13		
14		
15		

AI小知识

决策树（decision tree）可以被理解为一个树形结构的流程图。它是由决策图和中间可能的结果组成的，用来帮助人们确定最有可能达到目标的策略。

6 决策树推理

小智起航

- 知道如何从决策树中获取方案。
- 能够使用决策树推理简单问题。

拿破仑说过：“没什么比决策能力更困难，因而也更珍贵的了。”如果想要做出正确的决策，不仅需要有勇气，更需要正确的逻辑思维方法。

小智学堂

生活中的许多问题可以使用决策树进行推理。如“怎样辨别好瓜和坏瓜”（图6.1）这个问题就可以使用图6.2中的决策树得出结论。

图6.1　怎样辨别好瓜和坏瓜

我们通过瓜的纹理、根蒂、触感、色泽等条件判断好瓜或坏瓜。例如纹理清晰、根蒂蜷缩的瓜是好瓜，而纹理模糊的瓜是坏瓜。当区分出好瓜和坏瓜之后，用手去敲一敲西瓜，好瓜的回声非常清脆，而坏瓜则声音沉闷。因此，我们又得到了一项新的判断条件——瓜的回声，这个条件是我们根据经验推理出来的，这个过程就是人的自动推理。

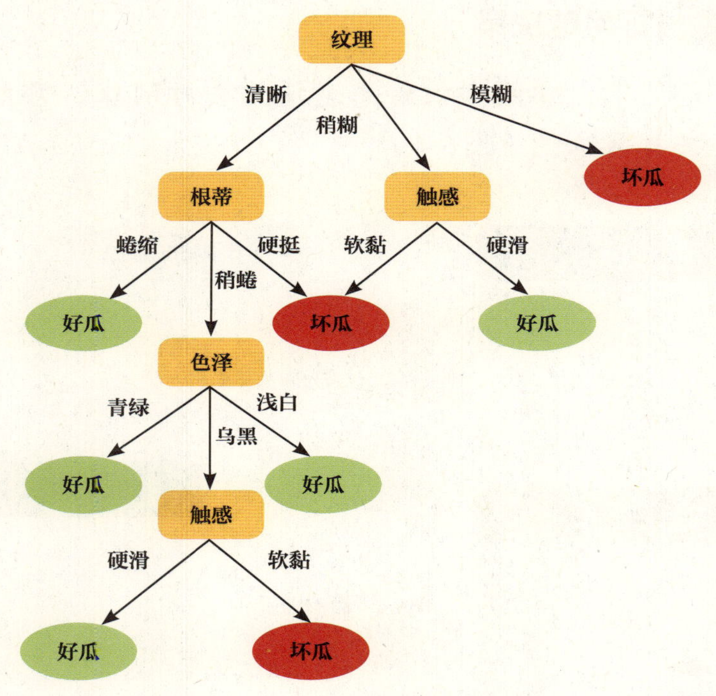

图6.2　判断好瓜和坏瓜的决策树

如果将这个决策树用程序实现，用计算机来辨别瓜的好坏，计算机只会根据现有的这些条件鉴别好瓜、坏瓜吗？

机器推理（图6.3）的过程和我们人类的推理过程是一样的。例如：知道单个词汇的意思可以将英文合成词翻译成中文。

图6.3　机器推理

如果我们用大量的英语句子训练机器，直到机器“学会”了如何翻译，这时再把新的英语句子输入机器，它就能够正确地输出翻译结果。这就是机器的自动推理。

实践体验

活动一：打网球决策

明天是周末，你的小伙伴想邀请你去打网球，哪些因素会影响你是否去打网球呢（图6.4）？

是否有风？

作业是否完成？

父母是否允许？

温度是否合适？

是否是阴雨天气？

图6.4　影响因素

同学们，针对这个问题，满足父母不允许、天气不好、作业未完成等其中一个因素，就不能去打网球了。所以当已经满足其中一个不能去的因素时，其他因素就不用考虑了。我们应该怎样绘制决策树呢？

先从天气（下雨、晴天、阴天）这个因素开始分析：

①晴天的时候，什么因素影响你去打网球？（表6.1，画“\”的部分是不用考虑的因素）

表6.1 晴天时打网球影响因素与结果

影响因素				结果
作业是否完成	父母是否允许	温度是否合适	是否有风	
否				否
是	是	高温		否
是	是	正常	是	否
是	是	正常	否	是
是	否			否

请你用自己的话说一说：晴天的时候，满足哪些条件，可以去打网球呢？

____

____

____

晴天时，用决策树表示是否能去打网球（图6.5）：

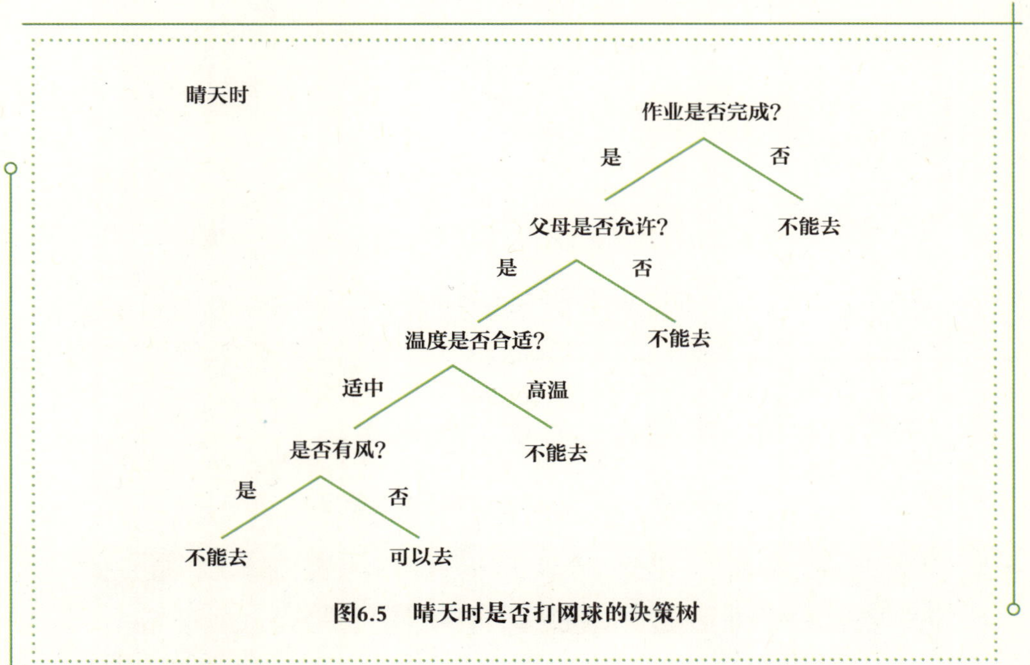

图6.5 晴天时是否打网球的决策树

②阴天的时候，什么因素影响你去打网球？（表6.2，画“\”的部分是不用考虑的因素）

表6.2　阴天时打网球影响因素与结果

影响因素				结果
作业是否完成	父母是否允许	温度是否合适	是否有风	
否	\	\	\	否
是	是	低温	\	否
是	是	正常	是	否
是	是	正常	否	是
是	否	\	\	否

请将图6.6中的决策树补充完整。

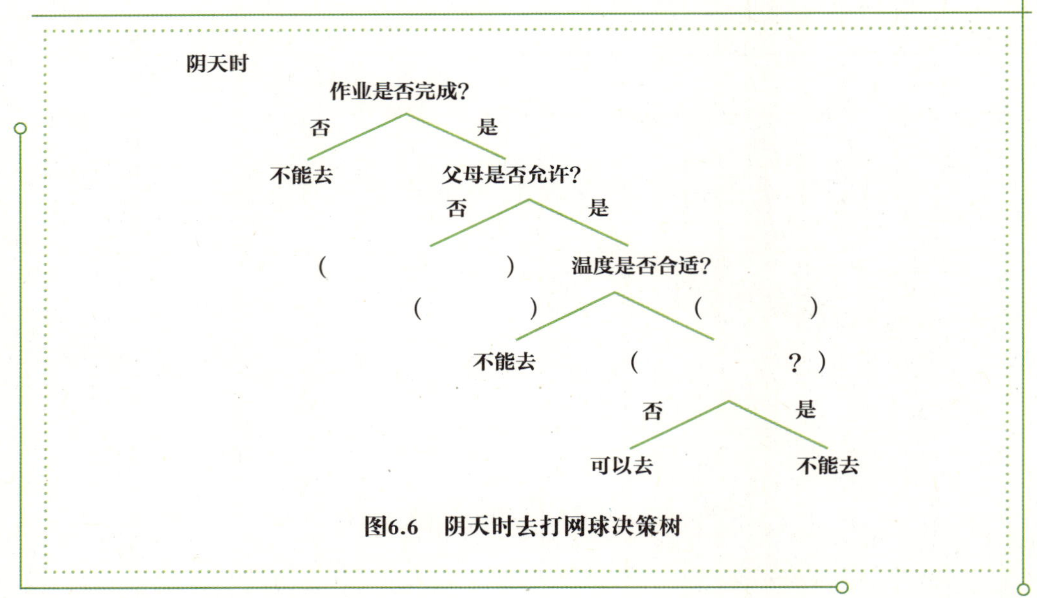

图6.6　阴天时去打网球决策树

③下雨的时候，不能去打网球（表6.3）。

表6.3　雨天时打网球影响因素与结果

影响因素				结果
作业是否完成	父母是否允许	温度是否合适	是否有风	
\	\	\	\	否

如果将阴天、晴天、下雨这三种条件下的结果组合起来，不就是解决“能否去打球”这个问题的完整决策树吗？

根据前面的推理画出整个决策树吧！

决策树中每一条线路代表一种方案，叫方案枝。决策的过程就是选择方案枝的过程。打网球这件事共有多少种方案呢？

活动二：根据决策树猜动物

根据下面的决策树猜动物，并填写在方框中。

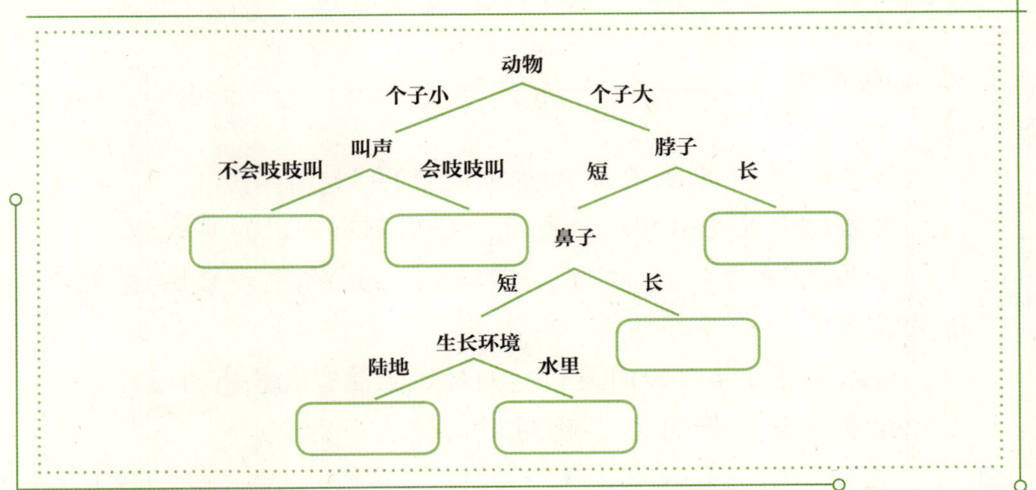

除了叫声、脖子长短、生长环境等特征，动物还有很多的属性，如食草、食肉、毛发长短、会不会飞等。你可以根据自己了解的知识，修改上面决策树中动物的特征，同桌之间互相猜一猜，看看能得出哪些动物。

动物

拓展应用

豆豆参加了乒乓球、跑步、游泳和轮滑兴趣小组，他马上就要上四年级了，爸爸妈妈建议他放弃一项体育活动，可他没有主意。同学们，你能帮他设计一个决策树吗？

小提示

除了轮滑，其他项目在学校还能学到；

豆豆的学校是乒乓球特色校，每周都有一次乒乓球课；

跑步的教练很有方法，可以让豆豆的跑步成绩提升很快；

游泳是豆豆学习时间最长、相对让他最有成就感的项目；

轮滑能让他和自己喜欢的小伙伴在一起。

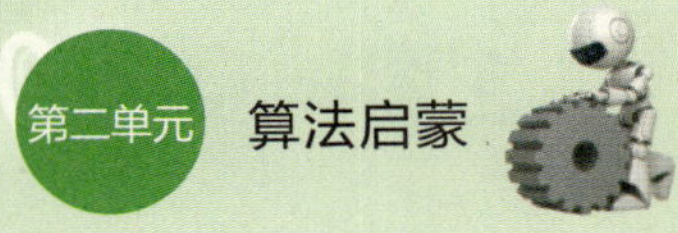

我们需要把一定数量不同特征的球进行分类，实现装置有三个“选择器层”（图6.7），包括质量、磁性和通过斜坡的速度。最上面是一组天平，让重的球倾斜并向左滑动，而轻的球向右滑动；中间层是用磁铁使铁球转向左侧；最下面是一组带孔的滑梯，移动速度更快的球会跳过孔优先向右滑动。

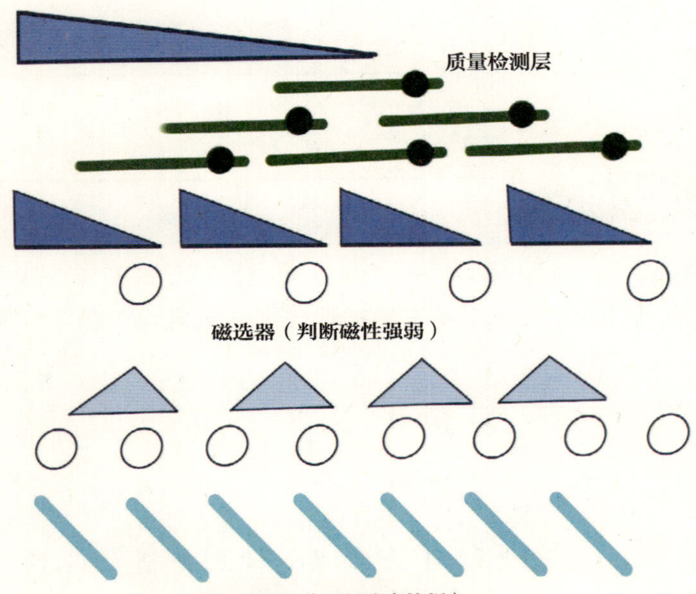

图6.7 机械装置评估

观察图6.7，试着画出它的决策树，看看你能发现什么？

AI小知识

自动推理（automated reasoning）是我们把已经知道的知识和经验提前教给机器，并且告诉机器基本的推理规则，机器可以在这个基础上进行“举一反三”。

读一读

如何利用机器来进行自动推理，特别是进行几何定理的自动证明，是科学家长期以来试图研究解决的课题。

事实上，在17世纪大数学家戈特弗里德·威廉·莱布尼茨（Gottfried Wilhelm Leibniz）就提出了机械化证明的设想，直到19世纪末，由于大卫·希尔伯特（David Hilbert）及其追随者建立并发展了数理逻辑，这一问题才具有了明确的数学形式。直到20世纪40年代计算机的出现，才使这一设想有了实现的可能和条件。

1977年，中国科学院院士、著名数学家吴文俊关于平面几何定理的机械化证明首次取得成功，这是国际自动推理界先驱性的工作，被称为“吴方法”。美、德、英、法、意、日等国都在致力于“吴方法”的研究和证明，并已在智能计算机、机器人学、控制论、工程设计等方面获得应用。1997年，吴文俊院士获得海尔勃朗（Herbrand）自动推理杰出成就奖。

第三单元
机器感知（II）

胡椒粉的气味会让我们本能地打喷嚏，舒缓的轻音乐会让我们的心情平静，在漆黑的环境中行走会让我们产生恐惧感……人和动物都有通过感官和自然界交互的能力，搭载了各种传感器的机器也会具有这样的感知能力。

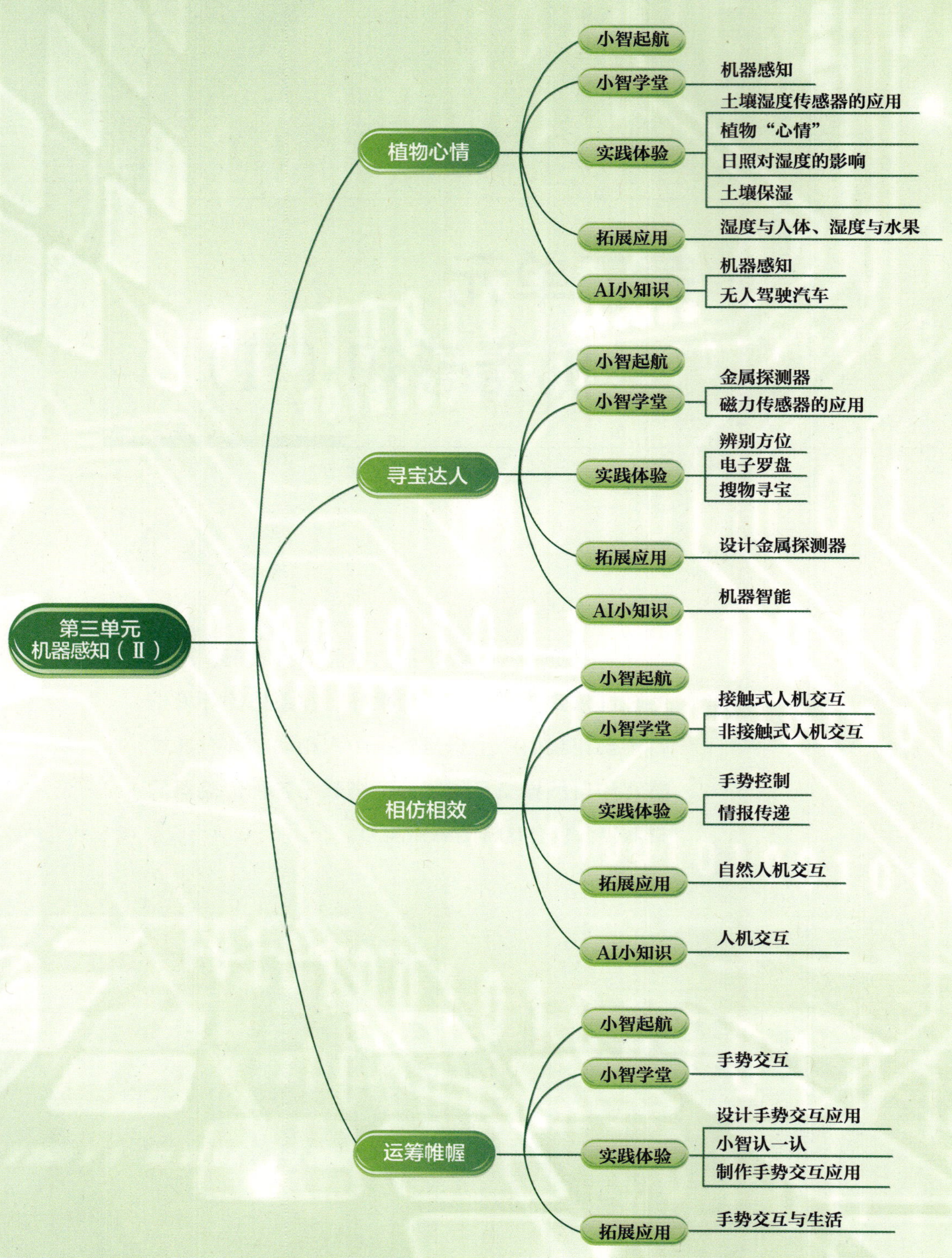
第三单元
机器感知（Ⅱ）
植物心情
小智起航
小智学堂
机器感知
实践体验
土壤湿度传感器的应用
植物“心情”
日照对湿度的影响
土壤保湿
拓展应用
湿度与人体、湿度与水果
AI小知识
机器感知
无人驾驶汽车
寻宝达人
小智起航
小智学堂
金属探测器
磁力传感器的应用
实践体验
辨别方位
电子罗盘
搜物寻宝
拓展应用
设计金属探测器
AI小知识
机器智能
相仿相效
小智起航
小智学堂
接触式人机交互
非接触式人机交互
实践体验
手势控制
情报传递
拓展应用
自然人机交互
AI小知识
人机交互
运筹帷幄
小智起航
小智学堂
手势交互
实践体验
设计手势交互应用
小智认一认
制作手势交互应用
拓展应用
手势交互与生活

第三单元知识结构图

7 植物心情

小智起航

◎进一步了解机器感知的概念和应用。

◎了解土壤湿度传感器在生活中的应用。

◎使用土壤湿度传感器及编程完成对土壤水分的检测。

有些汽车已经具有自动停车泊位的功能，在很多地方我们可以见到能自动识别并抓拍人像的智能摄像头，家庭清扫机器人可以自主清扫地面的尘土，这些功能的实现都离不开人工智能技术——机器感知。

小智学堂

汽车驾驶员是根据什么判断是否需要执行加减速、拐弯、停车、刹车这些动作的？图7.1至图7.5所示为无人驾驶汽车上的智能感知设备及具体应用。

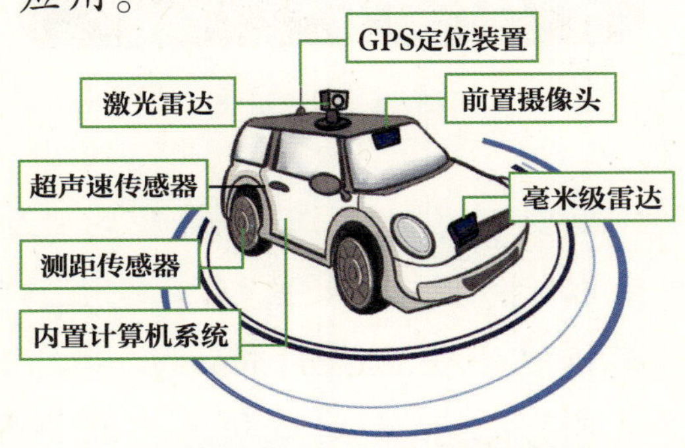

图7.1 无人驾驶汽车上的智能感知设备

图7.2　判断距离和速度

图7.3　判断角度

图7.4　颜色识别

图7.5　行人及障碍物检测

我们有眼、耳、鼻等感觉器官，它们得到的信息经过神经系统传到大脑，大脑指挥其他器官完成各种动作（图7.6）。智能机器也有类似获得信息、传递信息、做出判断和输出动作的过程（图7.7），而通过传感器获得信息是第一步。

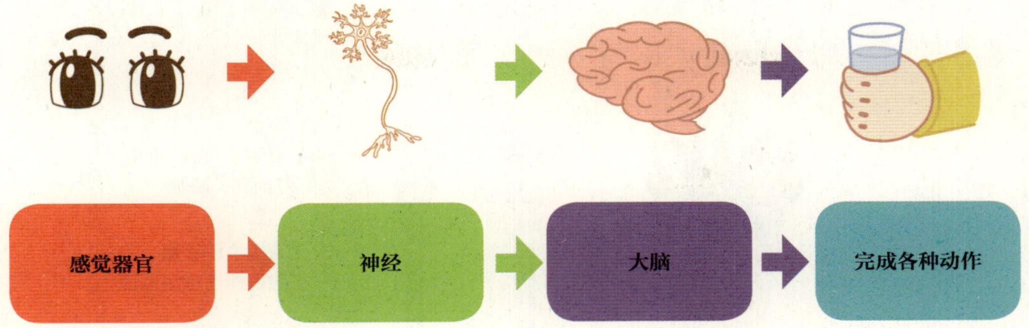

图7.6 感觉器官与大脑的信息传递

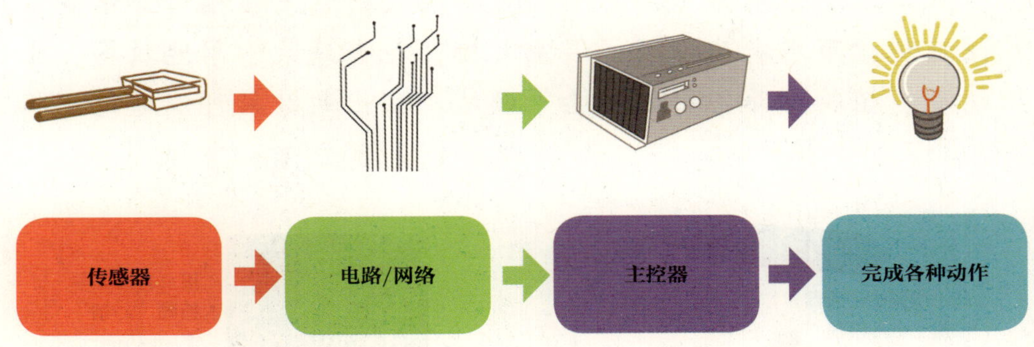

图7.7 传感器与主控器的信息传递

实践体验

大家都经历过连续阴雨的天气或连续闷热的天气，回想一下不同天气时我们的心情是什么样的。植物有没有“心情”呢（图7.8）？

图7.8 植物的“心情”

影响植物生长的重要因素之一是水分，让我们使用土壤湿度传感器测一测植物的“心情”吧（图7.9）！

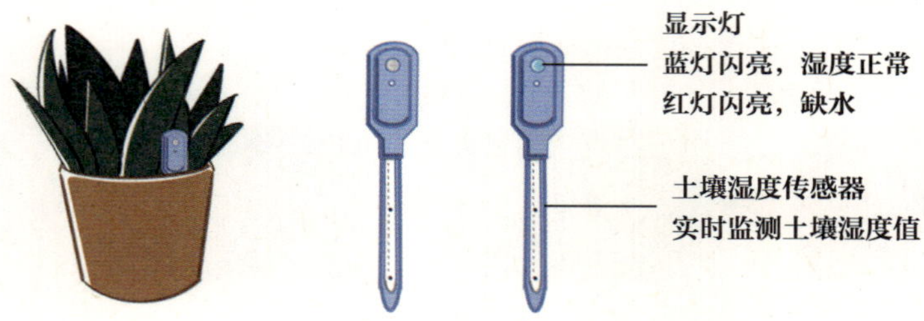

图7.9　测试植物“心情”

土壤湿度传感器（图7.10）主要用来测量土壤相对含水量，广泛应用于节水农业灌溉、温室大棚、花卉蔬菜、草地牧场、土壤速测、植物培养、科学试验等领域。测出的结果可以通过点阵屏（图7.11）显示。

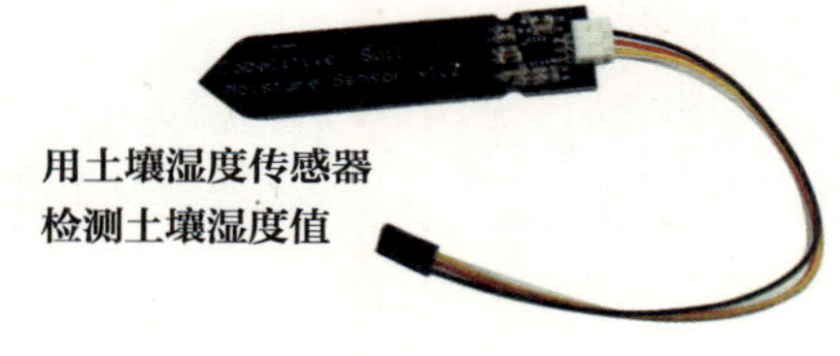

图7.10　土壤湿度传感器

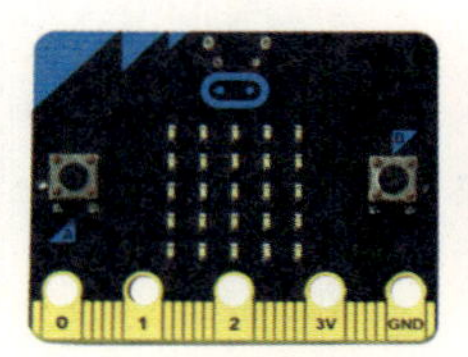

图7.11　点阵屏

活动一：土壤湿度传感器的应用

我们试着养一盆植物，如何确定它是否缺水？通过土壤湿度传感器检测土壤中的水分后，确定浇水的时间和水量。测量程序如图7.12所示。

图7.12　土壤湿度传感器测量程序

读取土壤不同湿度情况下的读数，并在表7.1中进行记录。

表7.1　浇水量与测量结果统计表

浇水量（毫升）	0	20	40	60	80
测量结果					

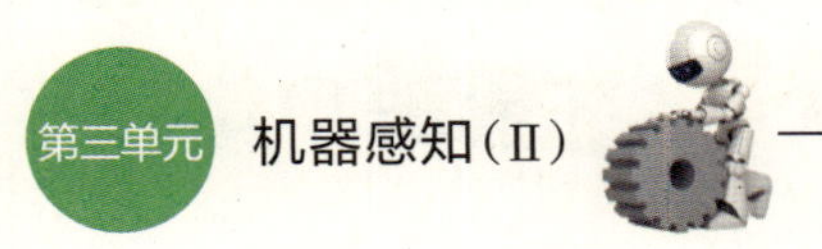

活动二：植物“心情”

装好带有点阵屏的图特（图7.13），编写程序（图7.14）模拟出植物对当前土壤水分情况的“心情”。

图7.13　装有图特的植物盆栽

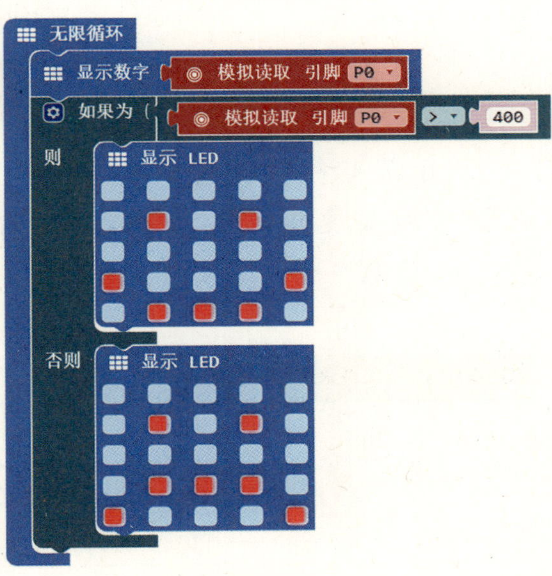

图7.14　参考程序

活动三：日照对湿度的影响

将土壤湿度计插入土壤中，观察不同日照强度和日照时间对土壤湿度的影响，将变化规律记录在表7.2中。

表7.2　日照时间与测量结果统计表

日照时间（分）	0	10	20	30	40
测量结果					

活动四：土壤保湿

在土壤上覆盖塑料布、干棉布、薄木板、纸、金属皮等，使用土壤湿度传感器记录相同时间内不同覆盖物情况下土壤湿度的变化（表7.3），通过对比数据，找出哪种覆盖物最适宜用来对土壤进行保湿操作。

表7.3 不同覆盖物与测量结果统计表

覆盖物	塑料布	干棉布	薄木板	纸	金属皮
时间（分）	30	30	30	30	30
测量结果					

拓展应用

图7.15所示是空气环境的相对湿度和人体舒适度的关系，请大家利用图特和湿度传感器表示出人们在不同湿度数值下的心情吧！

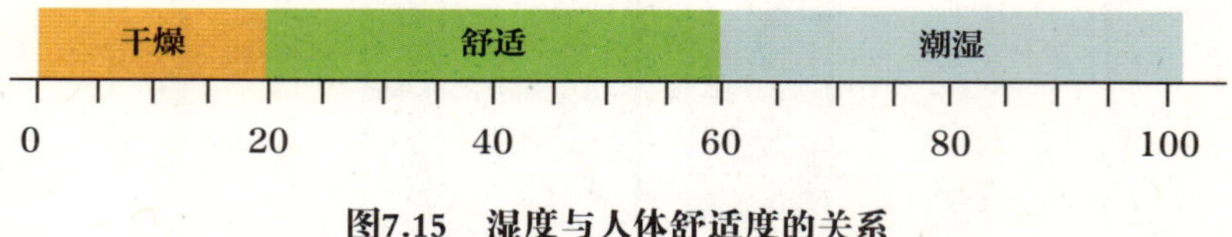

图7.15 湿度与人体舒适度的关系

水果的表面都有一层果皮，果皮可以减少果肉里水分的流失。使用湿度传感器和图特编程，对苹果、柚子（也可使用其他水果）这两种水果在相同情况下的水分流失情况进行记录（表7.4）、比较，看看可以得出什么结论。

表7.4 苹果、柚子水分流失情况表

水果	苹果		柚子	
时间（分）	30	60	30	60
测量结果				

AI小知识

在日常生活中，很多人工智能的设备和人类一样是有“感官”的，用这些“感官”来感知世界、获取数据和做出决策，我们称这些“感官”为传感器。

机器感知（machine cognition）是计算机通过类似人类（或其他动物）感觉和触觉的方式感知周围世界和获取周围环境信息的能力，包括视觉、听觉、味觉、触觉等。

无人驾驶汽车（self-driving car）不需要人类驾驶员操作就可以实现环境信息的感知和导航，最高级别的无人驾驶汽车不需要驾驶员在车内，甚至不需要任何控制车辆的操作，但目前尚未实现应用。

8 寻宝达人

小智起航

- 初步了解机器智能的含义。
- 学习磁力传感器在生活中的应用。
- 了解电子罗盘的原理和应用。

在机场、地铁、火车站等场合进行安检时，工作人员会用一个仪器在我们身体周围检测，以检查是否带有金属制品。这些仪器的工作原理是什么？

小智学堂

豆豆周末踢足球时，钥匙掉落在草里，他着急地大哭。观察一下图8.1中的工具，你有什么方法能帮他快速找到钥匙吗？

图8.1　几种可能用到的工具

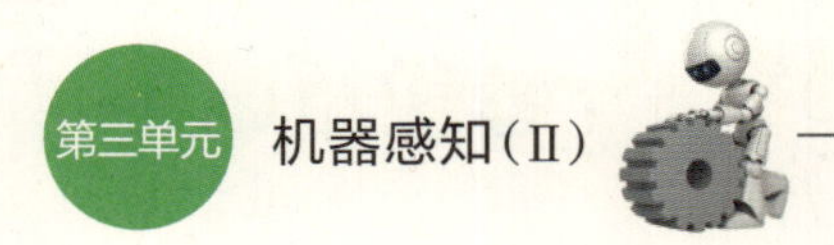

金属探测器（图8.2）靠近金属时，会发出声音信号进行提示。金属探测器的工作原理是什么呢？

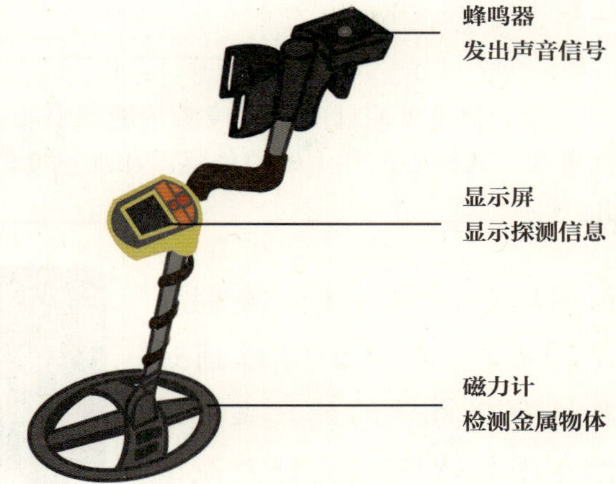

图8.2 金属探测器

生活中有哪些地方用到磁力传感器（图8.3）？

图8.3 几种生活中常见的磁力传感器

磁力检测的能力是我们人类不具备的，因此，把人工智能归结为完全模仿人类的智能是不准确的。

实践体验

指南针是我国四大发明之一，人们可以用它来辨别方位。现在的智能手机以及很多电子设备上都有磁力计，从而可以实现指南针功能，我们把它称为电子罗盘，也叫数字指南针。

电子罗盘可通过电磁效应测量地球磁场北极方向，从而计算出当前的方位角度，其核心部件由磁力传感器和加速度传感器组成。

图特的内部也有一个磁力计（图8.4），我们可以通过读取这个磁力计的读数来判断方位（图特内部磁力计与陀螺仪集成在同一芯片内）。

图8.4　图特内部的磁力计

活动一：辨别方位

我们平时外出的时候，经常需要对方位进行辨别，常见的方法有：白天观看太阳的位置，夜晚观看北斗七星（图8.5）勺柄的方向，观看植物生长的情况等，也可以通过指南针来指出方向。

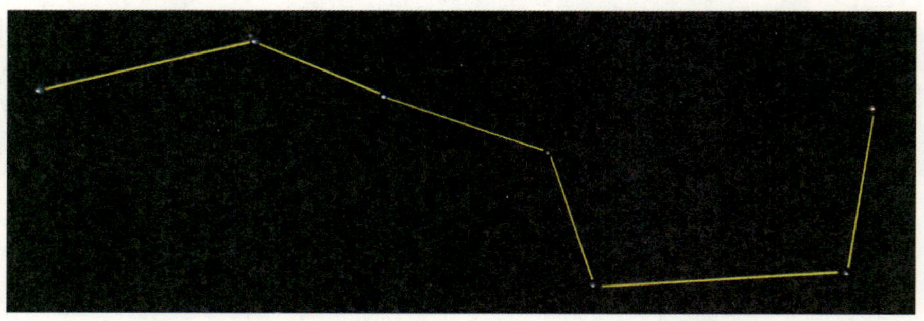

图8.5　北斗七星

（图片来源：维基百科 https://zh.wikipedia.org/wiki/%E5%8C%97%E6%96%97%E4%B8%83%E6%98%9F#/media/File:Big_dipper.triddle.jpg）

常见的指南针（图8.6）主要部件是一根磁针，在地磁场的作用下可以转动并指向北方（指南针其实是指北的）。

图8.6　指南针

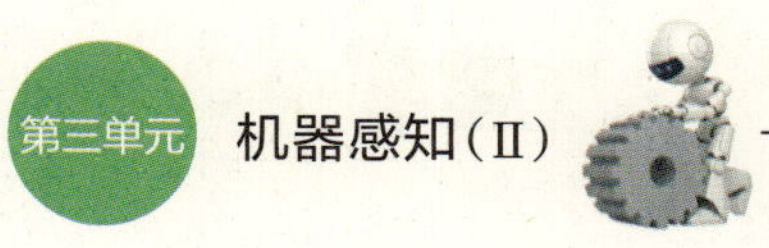

磁力计到达新位置，在首次开始工作前，通常会自动要求我们对图特进行校准，正确的校准方式是保持板子水平旋转一圈。

需要注意的是，附近如果有金属物品可能会影响读数和校准的准确性。

操作步骤：

①设计一个“变量”，将“变量”设置为“指南针朝向”。

②观察罗盘图，可以看到N方向在315～0度或0～45度。

③同时将“变量”设置为小于45度，再将其设置为大于等于315度，满足这两个条件即为N方向，此时需要用到“逻辑”模块中的“或”模块。

④使用“显示字符串”模块，在其中输入N。

⑤校准之后，我们就可以用图特指出N的方向了（图8.7）。

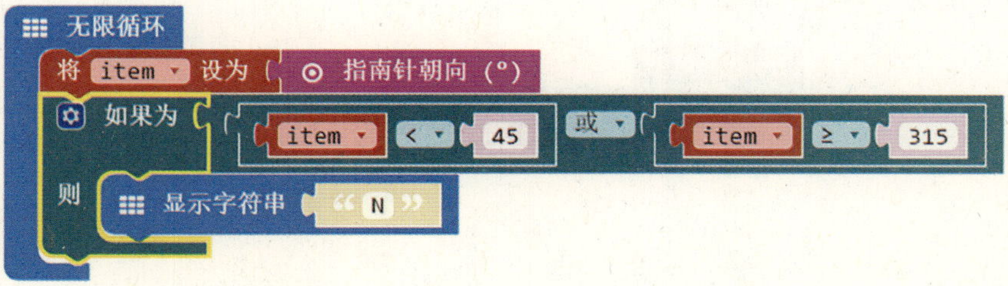

无限循环
将 item 设为 指南针朝向（°）
如果为 item < 45 或 item ≥ 315
则 显示字符串 “N”

图8.7　参考程序

活动二：电子罗盘

在活动一的基础上，根据罗盘情况，编写出可以显示东南西北四个方向的程序（图8.8）。

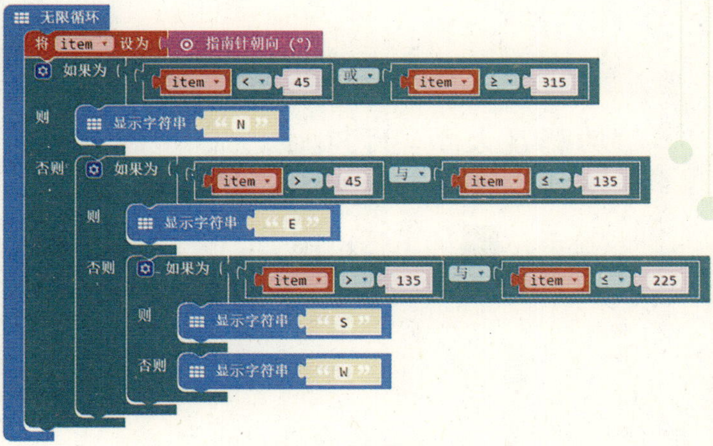

无限循环
将 item 设为 指南针朝向（°）
如果为 item < 45 或 item ≥ 315
则 显示字符串 “N”
否则 如果为 item > 45 与 item ≤ 135
则 显示字符串 “E”
否则 如果为 item > 135 与 item ≤ 225
则 显示字符串 “S”
否则 显示字符串 “W”

图8.8　参考程序

想一想

“或”模块和“与”模块有什么不同？

____

____

____

活动三：搜物寻宝

我们一起来使用图特制作一个智能探测器帮助豆豆找钥匙吧！

操作步骤：

①首先编写一个小程序，用来读取磁力值，有4个选项可供选择，如图8.9所示。

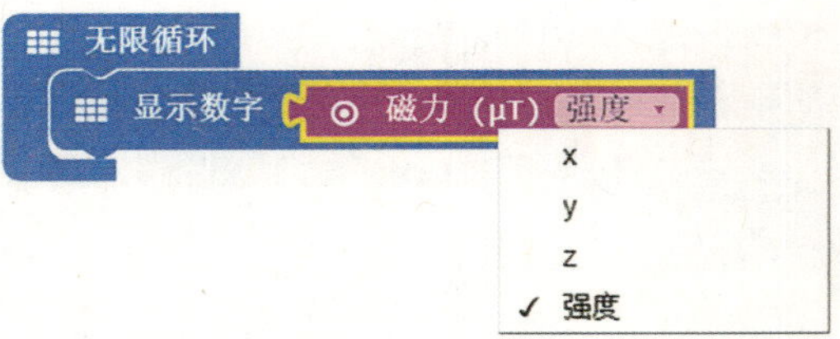

图8.9　磁力值选项

②当图特转动方向，磁力强度大于等于80时，显示箭头和磁力强度读数，否则显示“■”（图8.10）。

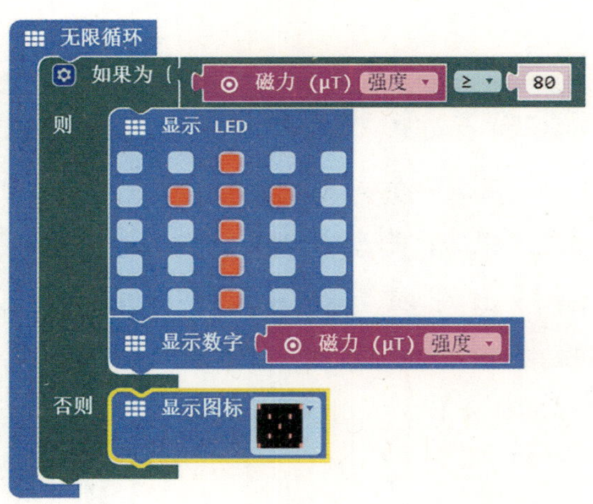

图8.10　参考程序

拓展应用

设计一款金属探测器，装上我们的磁力计，一起去寻宝吧！

请先画出金属探测器的外观，再注明使用了哪些设备，别忘了给金属探测器编写程序哦！

AI小知识

有人认为“人工智能”这个词应该用“机器智能（machine intelligence）”来代替，人类不应该把自己夸大。如轮子的发明并不是模仿人的双腿，所以机器也可以有自己的思考和逻辑设计方式。机器重复人会做的事情并不稀奇，做人做不了的事情才是了不起的。

小智起航

- 知道不同人机交互方式的相同点与不同点。
- 了解人机交互在生活中的应用。
- 通过编程实现人机交互。

人机交互在我们生活中随处可见，例如手机的语音助手、智能音箱的问答交流、体感游戏机的动作互动……它们更像我们身边的“小伙伴”。同学们和这些“小伙伴”交流过吗?

小智学堂

请写出身边不同操作方式的电器。

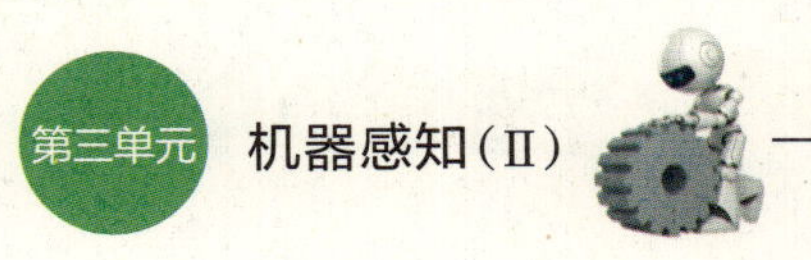

观察图9.1、图9.2，相互交流一下：同一种设备为什么会具备不同的人机交互方式？

图9.1　体感人机交互　　图9.2　手势绘图

这些交互方式和前面几种人机交互方式有什么不同？

接触式人机交互需要通过人接触操作装置或者物理界面达到和机器互动的目的。

非接触式人机交互则不需要人碰到机器就可以给机器发指令和机器进行“交流”。

下图中的这三种情形是哪类人机交互方式？

（　　　　　）　（　　　　　）　（　　　　　）

实践体验

活动一：手势控制

下面我们就来使用图特编写一个程序（图9.3至图9.5），用我们的手控制LED屏幕上的亮度条变化，当我们的手向上抬，亮度条就涨上去，手落下，亮度条也降下来。

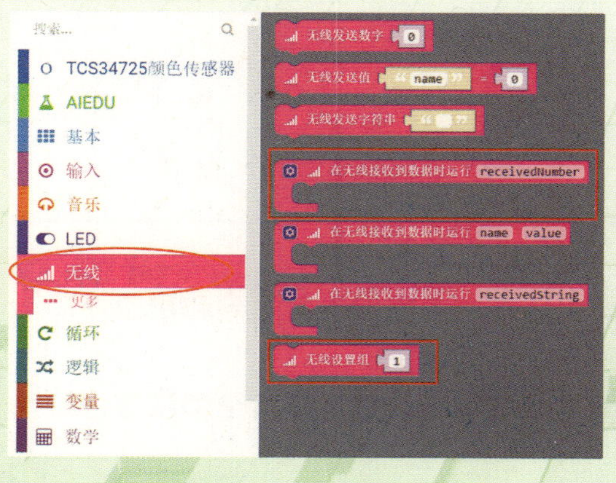

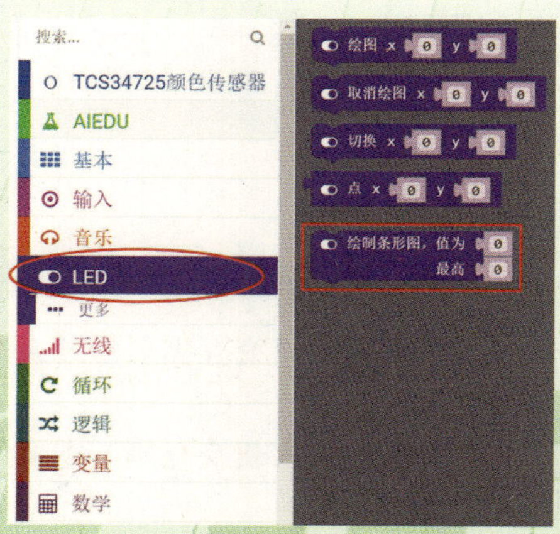

图9.3　程序选择过程

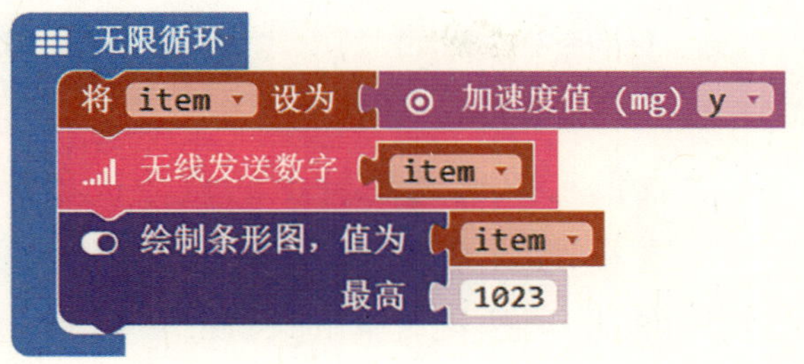

图9.4 发射端程序

图9.5 接收端程序

想一想

观察图9.6，我们通过什么实现发射和接收？

图9.6 图特蓝牙

活动二：情报传递

设计程序实现情报传递：向同组同学发送密码字符信息，另一个同学接收。

小提示

我们可以通过图特上的蓝牙设备和“无线”模块实现。

这个游戏中的程序分为发送和接收两种，“无线设置组”即两个图特之间通信的“频道”。

我们设置一个变量，在发射端编写程序，输入要传输的密码字符（code），按下A键发送（图9.7）。

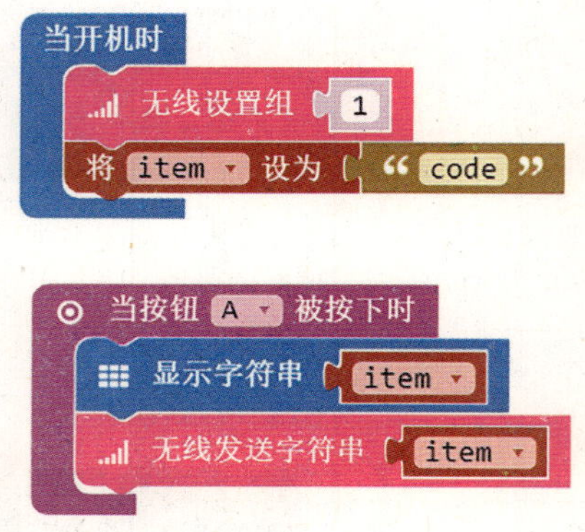

图9.7　参考程序

在接收端编写程序，和发射端在一个无线设置组里，无须按键操作，等待无线接收（图9.8）。

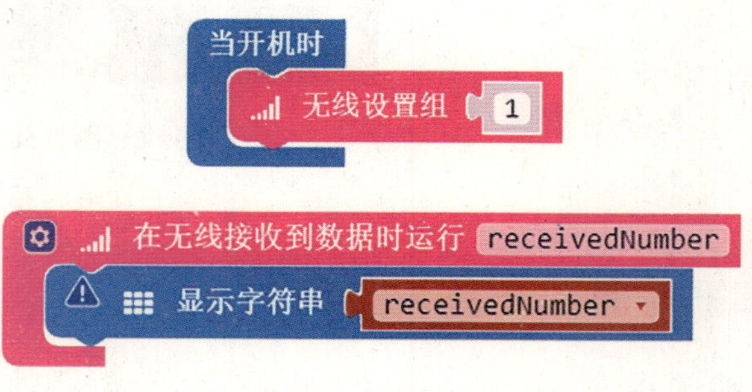

图9.8　参考程序

拓展应用

随着机器越来越智能，更加自然的人机交互技术被研发出来，称为“自然人机交互”。它将使人与机器的交互变得像人和人的互动，无须特别训练或无须训练就能操作。

畅想一下如何通过嗅觉和味觉进行人机交互。

____

____

____

____

____

____

AI小知识

人机交互（human-computer interaction）是一门研究人和机器之间互动关系的方式。鼠标、键盘操作是计算机最常见的人机交互形式，但随着智能化水平的提升，未来的人机交互也对机器理解人提出了更高的要求。

10 运筹帷幄

小智起航

- 了解手势交互的原理及应用。
- 学习手势传感器并在手势传感器的基础上制作手势控制系统。

我们与计算机的交互经历了从“键盘、鼠标”到“触控、手写”再到“语音、体感”的发展历程。“体感”包含我们不同的肢体动作，其中最常用的就是手势。图10.1所示为几种不同的交互方式。

图10.1 几种不同的交互方式

小智学堂

手势交互（图10.2）在我们日常生活中已经有了广泛的应用，那什么是手势交互呢？

手势交互指通过识别人的肢体语言来理解对方所表达的意图。

手势识别（gesture recognition）指计算机可以通过识别人的肢体或特定部位的动作理解人的意图，并不需要人去触摸设备。

当我们的父母在开车时，能不能用手势交互帮助他们做事情呢？比如打电话、放音乐等。

做手势，然后说出联系人的名字即可打电话

头部左右摆动即可调节音量大小

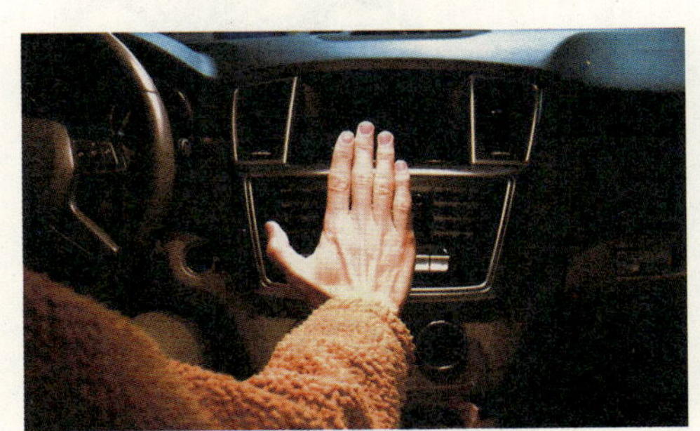

手指竖起即可提升空调温度

手指平放即可降低空调温度

图10.2　手势交互

实践体验

活动一：设计手势交互应用

同学们在日常学习和生活中有没有可以用手势交互解决的问题呢？你想通过手势交互实现什么功能？自己设计一下吧！

活动二：小智认一认

我们仍可以把图特看作人的大脑，但这次把手势传感器看作人的眼睛，而人的行动则是由舵机来完成的。

同学们猜一猜：手势传感器（图10.3）的哪个部分相当于眼睛呢？

手势传感器能识别前、后、左、右、上、下六个方向的手势。

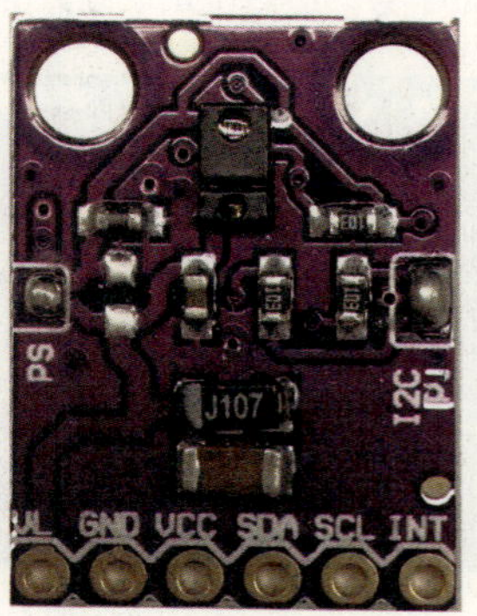

图10.3　手势传感器

具体硬件如表10.1所示。

表10.1 手势传感器硬件名称及数量表

名称	数量	名称	数量
图特	1	底座+底盘	1
拓展板	1	尼龙铆钉	12
手势传感器	1	转动盘	1
舵机	2	滑道	1
电池	1	支架	2
连接线	3	螺丝	1

活动三：制作手势交互应用

在上册的学习中我们已经掌握了如何组装颜色分拣器，同学们可参考前8步来组装手势控制应用。

外形组装完成了，我们要如何用手势控制它呢？

操作步骤：

①使用连接线将手势传感器和拓展板连接起来，手势传感器位于滑道上与舵机相对的一侧。

底座舵机	拓展板P14
滑道舵机	拓展板P15
手势传感器	拓展板I2C

②下载程序（图10.4、图10.5），把程序下载到图特中，观察手势交互应用是否能够正常工作。

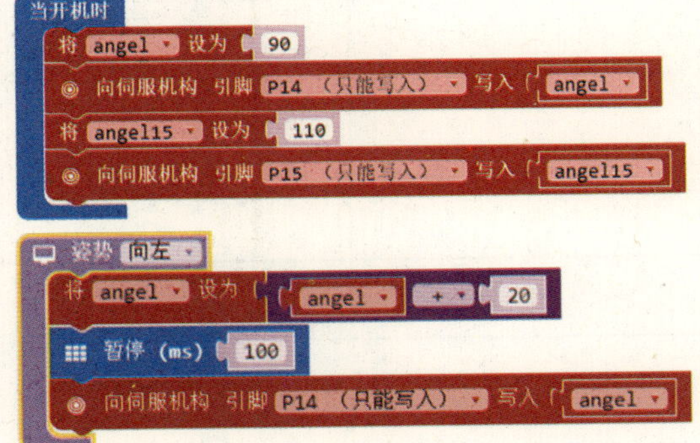

初始化两个舵机的角度：
底座舵机为90度，滑道舵机为110度

检测到手势向左时，底座舵机转动到110度的位置

图10.4 参考程序（1）

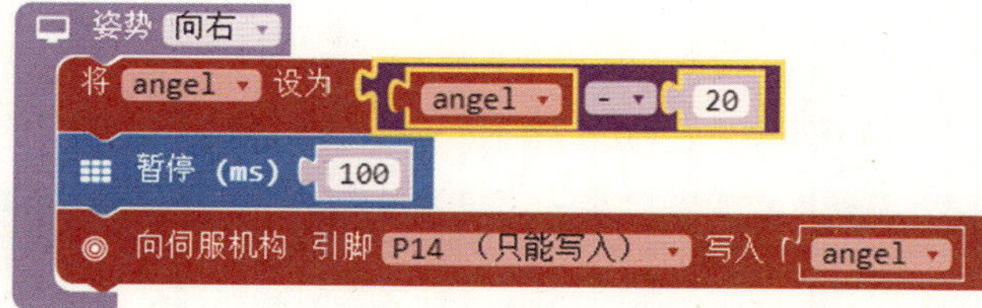

检测到手势向右时，底座舵机转动到70度的位置

```
姿势 向上
  将 angel15 设为 angel15 - 90
  暂停 (ms) 100
  向伺服机构 引脚 P15 （只能写入） 写入 angel15
```

检测到手势向上时，滑道舵机转动到20度的位置

```
姿势 向下
  将 angel15 设为 angel15 + 90
  暂停 (ms) 100
  向伺服机构 引脚 P15 （只能写入） 写入 angel15
```

检测到手势向下时，滑道舵机转动到200度的位置

图10.5　参考程序（2）

拓展应用

想一想：手势交互还能实现什么功能，在日常生活中能解决哪些问题？

____

____

____

结合我们在本册学到的知识，能不能拓展手势交互的功能？

____

____

____

后记

习近平总书记指出："人工智能是新一轮科技革命和产业变革的重要驱动力量，加快发展新一代人工智能是事关我国能否抓住新一轮科技革命和产业变革机遇的战略问题。"

《新一代人工智能基础教育与科普丛书》坚持"思维引领、突出兴趣、知识启发、学用一体"的原则，以概念、体验、活动、思考、拓展、应用、创新、延伸为主线，实现让广大少年儿童了解人工智能相关概念、认知人工智能实现原理、体验人工智能项目实践、实现人工智能生活应用的目的，以期达到培养学生人工智能时代信息素养和社会责任意识的教育目标。

本教材适用于小学阶段，教材采用以活动引导知识学习的思路，辅以图特拓展套件、图形化编程软件和人工智能体验软件等丰富的实践活动，让学生在认知、探究、实践、反思的过程中学习人工智能。具有信息、科学、通用技术及其他相关学科教学基础的教师均可在学习和培训的基础上使用本教材。

本教材分为上、下两册，共7个单元。上册包括走近人工智能、知识表示与推理、机器理解和机器感知（Ⅰ）4个单元，下册包括数据、算法启蒙和机器感知（Ⅱ）3个单元，建议分为26学时使用，教师可根据本校学时安排及学生基础水平进行自由组合使用。

承蒙我国著名教育家陶西平先生和著名智能工程专家查建中先生为丛书倾情作序，既体现了他们对我国人工智能教育事业的高度关切，也是对编写人员的极大支持与厚爱。本书撰写工作得到很多领导、专家、教研员、教师和朋友的支持和帮助，北京智教未来科技有限公司的技术人员给予了技术支持，在此一并表示感谢。

特别感谢北京教育科学研究院基础教育教学研究中心和北京市东城区教师研修中心在教材撰写过程中给予的大力支持与指导，感谢北京第一师范学校附属小学、府学胡同小学、北京市第一七一中学附属青年湖小学、黑芝麻胡同小学、培新小学、前门小学等多所学校对课程实践的支持，在此对有关学校及教师表示由衷感谢。

欢迎广大教师和读者提出批评指正，共同推进人工智能教育的发展！

编著者

2019年4月